Inhalt

1. Das S-Auto/the s-car or why "f = 1" is idiotic and homicidal

2. Ein neuer Typ Schiff: die Übunte / A new type of ship: the overdowny

3. Flugzeuge mit/Airplanes with LS-1 (inkl. Passagiere mit LS1-Kurs)

4. Das Hängemattenzelt/Autonome Hängematten

Nachtträge

12.01.2017

Die Nachträge sind eher für Kenner/Kennerinnen des Blogs - Neulesenden sind zuerst die weiter unten stehenden Hauptbeiträge zu S-Auto, Übunte und LS-1-Flugzeugsystem zur Lektüre zu empfehlen. //If you dont know this blog, watch first the main texts to S-Car, Overdowny and LS-1-System.

27.12.2016

Um es nochmals prägnant zu formulieren: eine LS-1-Situation ist dann gegeben, wenn man das Flugzeug, aber nicht das Leben aufgibt.

A LS-1-situation is given in the moment, in which you give up the plane, not your live.

26.12.2016

Ein ideales LS-1-Flugzeug fliegt sehr hoch, schaltet den Motor aus und gleitet, segelt fortan zum Ziel - unterstützt allenfalls durch Solar- und Windtriebwerke.

A ideal(..) LS-1-plan is flying very high, switching off the engine and gliding to the destination - supported by solar-power and air-power-enginges.

26.12.2016

Nachtrag zur TU154, vorgestern abgestürzt in das Schwarze Meer. Dessen aktuelle Wassertemperatur beträgt 10° Celsius - in dieser Kälte und Nässe überleben Menschen nicht lange, vielleicht 30 Minuten, die Überlebensfolie könnte, entsprechend geschaffen und angezogen, die Auskühlung allenfalls etwas verzögern. Kaltes Wasser ist sehr ungünstig für LS-1 und erhöht die Überlebenschancen und den Nutzen der Überlebensfolie weit geringer als LS-1-Passagiere konfrontiert mit frostigem Boden in der Nähe von oder über bewohnten Zonen. Einige tote Passagiere sollen Rettungswesten getragen haben, ein Augenzeuge soll das Flugzeug steil hochgerichtet, mit Schwanz voran, ins Wasser stürzen gesehen haben. Solche Informationen sind mit Vorsicht zu genießen. Die Zeit, um Schwimmwesten anzuziehen, hätte bedeutet, Zeit für LS-1 hätte wahrscheinlich bestanden, die Piloten hätten statt sich mit aller Gewalt um eine Landung bemühen, auf einen **safety gliding flight** Richtung Küste vorbereiten können, ein voll eingerichtetes LS-1-System hätte vielleicht Leben gerettet. Viele Leben. LS-1 ist ein Plan B, über den heutige Passagierflugzeuge nicht verfügen. Noch nicht. [Natürlich wird viel vorausgesetzt: zum Beispiel: dass LS-1-kompatible Flugzeuge am Start sind; dass die Passagiere LS-1 Kurse absolviert haben; dass Crew und Kapitäne LS-1 geschult sind; dass Schiffe und Rettungshubschrauber mit dem Auslösen von LS-1 eines Flugzeuges über dem Schwarzen Meer automatisch alarmiert und in Gang gesetzt werden; dass LS-1 auf internationaler Frequenz besonders innerhalb des vorberechneten LS-1-Flugraums, mit Absturz oder Landung am Ende, Alarm auslöst]

25.12.2016

Nachtrag zu LS-1 (Life safety one)-Airplane-Security-System und dem Absturz der Maschine am 28. November 2016 über Kolumbien mit 77 Personen an Bord und 71 Toten beim Absturz, darunter ein grosser Teil einer Fussballmannschaft. Angeblich war Treibstoffmangel - Geiz, Gier, Verschuldung, Misswirtschaft der Charterfirma und Liederlichkeit in der Kontrolle - der Absturzgrund. Das wäre ein klassischer Fall für LS-1 gewesen. Die Kapitäne hätten LS-1 auslösen können - so dumm können sie nicht gewesen sein, um nicht zu sehen, das ihr Sprit knapp wird - in so einem Fall hätte (müsste) vorsichtshalber LS-1 ausgelöst werden und die Kapitäne hätten sich auf einen **safety gliding flight** mit einem Sink-Gleitflug auf **safety altitude** vorbereiten können - Leute wären mit ihren **IEP's** am Rücken (**Inlay Emergency Parachutes**) abgesprungen, es wären viel mehr als 6 Personen mit dem Leben davongekommen. Aufgrund ihrer **Passenger--Rescue-Sender** (PRS, eingebauter Lawinenrettungssender) hätte man sie alle im undurchdringlichen Dschungel gefunden, auch die, die in Bäumen hängen geblieben waren. Die Maschine aus Paris (MS 804), Richtung Ägypten fliegend, die im Mai 2016 über dem Mittelmeer abgestürzt ist, wurde Opfer eines Attentats mit Sprengstoff. Die Maschine, die heute morgen von Russland kommend im Schwarzen Meer abgestürzt ist - eine ältere Tupolev des russischen Militärs - zur Weihnachtsfeier Richtung russische Truppen nach Syrien fliegend - ein Militärchor und eine prominente Ärztin, die Kinder aus dem nordukrainisch-russischen Konflikt betreute, waren, unter anderem, an Bord - 92 Tote (keine Überlebende) - ist womöglich auch Ziel eines Attentats geworden oder Opfer veralteter und schlecht gewarteter Technik. Möglicherweise wird der Öffentlichkeit der wahre Absturzgrund vorenthalten (persönlich glaub ich an technisches Versagen, Absturzursachen klären die Auswertung der Flugschreiber und Radarbeobachtungen auf), ähnlich wie mit der russischen A-321, die im November 2015, von Ägpten nach Petersburg fliegend - lange blieb das im Ungewissen für die Öffentlichkeit - wohl doch in Folge eines detonierten Sprengkörpers über der arabischen Halbinsel abstürzte (über 200 Tote). In solchen Fällen fehlt für LS-1 die Zeit. Trotzdem: wir retten Leben mit LS-1, viel Leben. Selbst wenn in 100 Notfällen LS-1 "nur" ein Mal funktionierte. Mein Forderung wäre: LS-1 muss in der Zukunft wie der Sicherheitsgurt im Auto oder der Blitzableiter am Haus für Flugzeuge jeder Art "Standard" werden.

04.08.2016

S-Car: Q-fronts and Q-backs of any cars - short: Q-cars and Q-trucks should be forbidden.

04.08.2016

S-Car: Umbau vom Q-Car zum S-Car (und S-Truck): Aufsätze mit zwei Stosstangen, verbunden mit der Spitzstange und Querstreben in Dreiecks-Form, könnten in das vordere Chassis des Autos, zum Teil ober- und unterhalb des Frontmotors eingebaut, eingeschweisst werden. Ähnlich beim LKW. Dort wären auf PKW-Höhe im Heck und in der Front ein "Dreieck-Aufsatz" einzubauen. Das ist noch fern vom idealen S-Auto, aber für erste Tests könnte es reichen. Siehe Skizze:

03.08.2016

On S-car and Q-car-kinetical energy-balance differences////vector-energy-balances/and vector-effect-balances in (driving/driving) double or tripple (standing/standing/driving) collisions: Unterschiedliche Vektorenergie - unterschiedliche Folgen oder Vektorwirkungen: die kinetische Energie: die Vektorenergie bei Q mit $f = 1$ bleibt 1, die Vektorenergie bei S mit $f = <1$ bleibt <1. (Konkret: das Auto im Q-Rahmen kennt nur die Frontalzerquetschung, das Auto im S-Rahmen hat die Option der Ausweichung, der Teilzerquetschung und Wegschleuderung).

03.08.2016

Meldung vom 26.07.2016 von getöteter deutscher Familie mit zwei Töchtern in der Schweiz am Gotthard (weil der auf das Stauende auffahrende Lastwagen-Fahrer mit seinem Handy beschäftig war? Oder hat er kurz gedöst?): S-Cars: Safety-Truck/Safety-Lorry: LKWs und PKSs sollten nur mit S-Auto-Rahmung - angepasst an jene, an die Höhe der PKWs- und digitalem Präventionsbremssystem zugelassen werden (siehe "1.Das S-Auto" - das System überträgt relevante Daten in Nähe befinlicher Autos, rechnet sogar die approx. kinetische Energie aus). (LKW mit S-Rahmung wurde vor Zeiten grob skizziert, siehe unten). So zerquetschen zwei Lkws keinen Pkw und damit eine ganze Familie auf Urlaubsreise zu Tode (zwei Fälle kurz nacheinander wurden berichtet), sondern wenn ein S-LKW auf einen stehenden S-PKW auffährt, der vor einem anderen S-LKW steht, besteht die Möglichkeit, dass der S-PKW *nicht völlig zerquetscht* unter die Räder dieser LKWs kommt, sondern wegen der S-Form und dem neuen Längsachsen-Stossdämpfersystem (in allen 3 involvierten Fahrzeugen), vorne gegen die S-Kadrierung des S-Hecks des stehenden Trucks geschleudert, und von hinten von der S-Front des fahrenden Trucks gerammt, *"nur" gob demoliert und weggeschleudert* wird - mit viel höherer Überlebenschance (weil die kinetische Energie, "Vektorenergie", mit $f = 1$ bei beiden Trucks und dem S-PKW eine andere "Zerstörungsbilanz" und andere Wirkungen, Vektorwirkungen, zur Folge hat, als bei drei Q-Fahrzeugen - die Vektorenergie bei Q mit $f = 1$ bleibt 1, die Vektorenergie bei S mit $f = <1$ bleibt <1). Siehe Skizze:

For the Q-Car: the deadly Q-Truck (standing)-Q-Car (standing)-Q-Truck (driving)- collision-situation//// the not so deadly S-Truck (standing) - S-Car (Standing) -- S-Truck (driving)-collision-situation

///'Foto/Skizze folgt

15.07.2016

LS-1 kriegt Unterstützung... -Dokufilm: Air Tech - Fallschirme: Interview mit Boris Popov - Fallschirmentwickler...ob er einen Schirm für die Boeing 747 enwickeln könne - ja, wenn das Material so leicht wäre... - eine dieser schnell produzierten Dokus von 2015/2016, die ganz originell sind und die internationale "Erfindungshoheit" der USA ?? sichern helfen sollen - ideologische Schnellkopierprodukte - deutsch übersetzt und gesendet auf N-24.(wer finanziert N24-Dokumentationen? interviewt werden vor allem US-Amerikaner, NASA, suggeriert Fallschirme für den Mars seien der "Höhepunkt - Unser Doku hiesse: "Fallschirme: von Da Vinci zum Deltasegler, vom ersten Flugzeug-Fallschirm von 1919 bis zum LS-1-Jumbo oder zur LS-1-A-380 mit IEP (Inlay Emergency Parachutes)

13.07.2016

Für den Modell Schiffbau Club: Die Übunte, siehe unter Nr. 2 und "Nachträge".

13.07.2016

Die Mail an den Modell Schiffbau Club, Basel: "Berlin, 13. Juli 2016 - Liebe Modellschiffbauer, (wäre nett, wenn diese Mail an euren ganzen Club verteilt wird. Zumal an aktive Bastler von euch! Danke!) ich bin nicht sicher, ob meine Mail bei euch angekommen ist, deshalb kurz nochmals diese hier: vielleicht findet sich jemand unter euch, der die kreative Energie hat, eine Übunte zu basteln - ein U-Boot-Boot-Mischling, zumindest eine Art Kreuzer mit Unterwasser-Etagen (und Meerstrom-Flügeln)...Hauptsache: Das Modell schwimmt, hat unter Wasser "gläserne" Etagen, und sieht gut aus...
Hier der Link zum Blog - mit Skizzen verschiedener Übunten-Typen zur Anregung: https://francispirate.wordpress.com/2015/01/15/ideentechnischekunstwerkliche/
Schöne Grüsse aus Berlin

PS. bitte bei mir melden, falls ein Modell besteht, das wäre sehr nett! Ich würde es evt. abkaufen, aber auch schon gute Fotos davon wären super! Meine Idee ist öffentlich commons/CCC - es sollen Foren wie eure, aber auch Private und technische Unis, die Gelegenheit haben, sie als Anregung zu begreifen. Danke!"

07.07.2016

Overdowny - mit Übunte in die Bucht von Samana der Dominikanischen Republik, wo sich zwischen Mitte Januar und Ende März die Buckelwale unserer Meere zur Paarung und Geburt treffen.

04.07.2016: Hängemattezelt/autonome Hängematten mit Skizzen jetzt: Ende Blog.

03.07.2016 (zu LS1)

LS1: Rescue: ein Zug, und das kleine Packet blässt sich in Sekundenbruchteilen zum Schwimmrettungskissen auf (60 Euro). Einfacher, ohne Partrone, wäre es dennoch, besteht ein Teil des oberen Flugzeugsitzes, des entkoppelten Panzers aus schwimmbaren Material, an dieses Schwimmteil angeschweisst die Überlebensfolie und der Rettungssender PRS (LSV: Lawinenverschüttetensuchgerät, ist hier der PRS, der Passagierrettungssender, passenger rescue sender (PRS).

26.06.2016 (zu S-Auto)

Das Ende der Kutschenindustrie: The end of the carriage- or the Q-car industry. Hinter der S-Auto-Konzeption steckt nicht nur eine andere Philosophie, sondern neue Ästhetik und Kinetik. Die bestehende Q-Auto-Industrie ist eine Form der Kutschenindustrie. La carosse, französisch: die Kutsche, das Quadrat, die Karosserie, ist deren Grundform (the frame of the body of the car - german: "die Karosserie" its origin is French "la carosse"/the carriage. The new form of the S-car is a new aesthetical and kinetical impact - its a completely new philosophy of car and safety. Behind the S-Car there is physics, not only a different philosophy, the q-car-industry is still a carriage-industry. The s-car-form combines aesthetic and kinetic/new aesth and kin impact////.

20.06.2016

S-cars and Q-cars: Differences between Quadratical or **Q-car and** spiky/safety or **S-Car**: Also a different form makes a different security, makes a difference between dead and life - between Q-car and S-car. With Q-Cars you have, in case of a collision, with high probability, frontal crashes, with an *immediate breakup of the braking distance* (Bremsweg), with S-Cars you have, in case of a collision, with high propability, no frontal crashes and a *prolongation of the braking distance*. With Q-cars you have no axial-security-system, with S-cars you have a long and lateral crank shaft and axis shock absorber-system. The long axis crank shaft (Kurbelwelle) of the S-car is part of the long axis shock absorber (Stossdämpfer) of the S-car (like the S-bike - see also the main text below: "1. The S-car").

The destructive or not destructive way of kinetic energy (difference Q-/S-Car) see following outline:

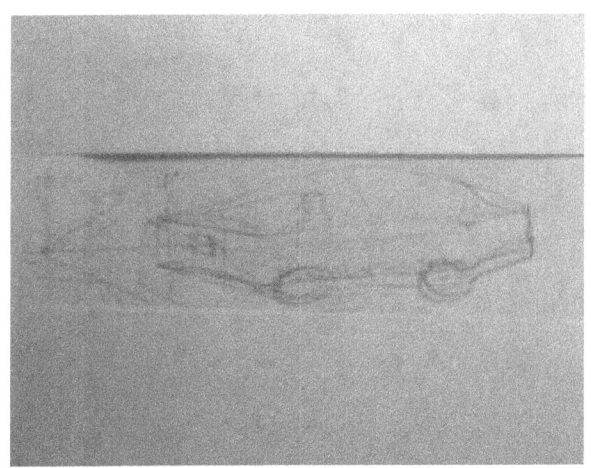

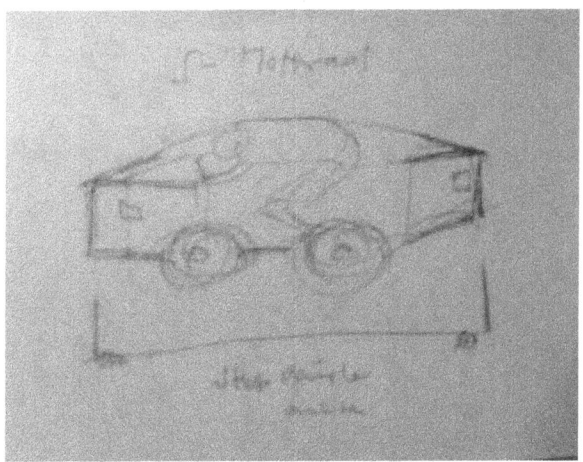

19.06.2016

Type of 3-and 4-wheel-S-Car: The S-car may have 3 wheels. A broader steering wheel in the spiky-front of the s-car and two smaller back-wheels close to the spiky back of the s-car. Or the s-car has 4 wheels, a steering and a back-wheel and two smaller middle-wheels. See the following outline:

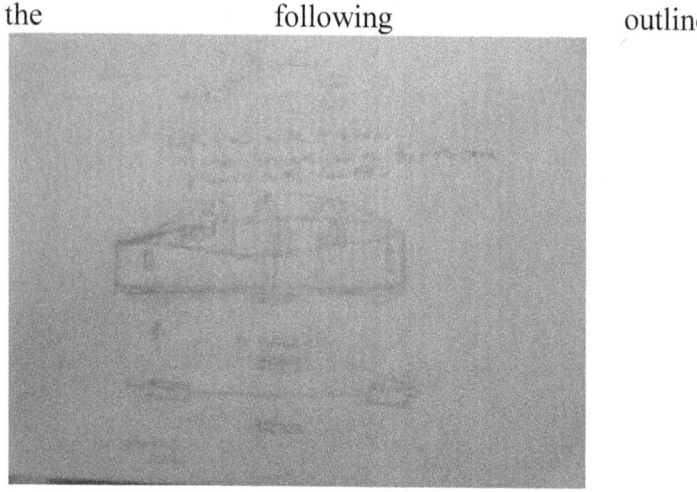

My favorite is the 3-wheel-S-car.

19.06.2016

Self-driving S-car (with long axis shock absorber + lateral axis shock absorber):

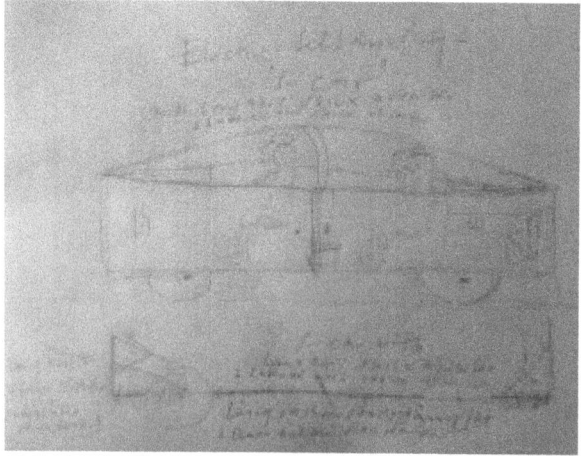

13.06.2016

The S-car-"close at hand"-trunk/Das S-Auto: Kofferraum oder Zusatz-Beinplatz in der Mitte des S-Autos (4 Personen). S-car boot/trunk/S-car-self-space/shopping storage in the middle of the S-car (4 persons):

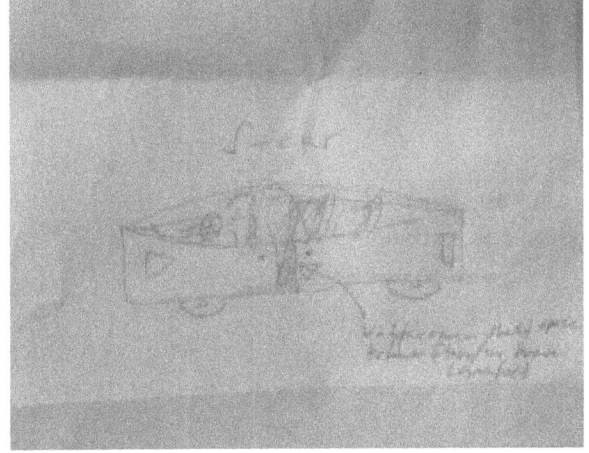

By leaving the S-car, you take your things close at hand with you.

27.05.2016: **The one-man-cockpit of the S-Car.** Wegen der Spitz-Form des S-Autos befindet sich der Fahrer, die Fahrerin alleine in der Front, dahinter folgen z.B. zwei Plätze, eine Bank, und hinter dieser, im Spitzende, der vierte Platz oder zwei Kindersitze, Ablagefläche.

Because of the spiky-shape of the S-car, only one driver is sitting in the spiky-front (see the outline above), behind him, for example, two persons, and in the spiky-back the forth person or 2 children-seats or storeroom (Dieser S-car-Blog ging an: 1 x @VW; 1 x @BMW; 1 x #Mercedes; 1 x #Ford; 1 x #Honda)

1. Ein neuer Typ Sicherheits-Auto: das S-Auto. A new type of car: the safety (spiky)-car (or S-car)

S-Auto bedeutet Sicherheits-Auto (Spitzbogen-Auto oder H-Auto: Grundform: "hexagonal") S-car means Safety- or Lancet-car. Q-Auto bedeutet Quadrat-Auto. Grundform: quadratisch.

Q-car means: Quadratic ground-plan-car

The philosophy of the S-car is: we construct the safety, then the engine around. The philosophy of the Q-car is: We construct the engine, than the safety around.

Die Philosophie für das S-Auto ist: wir konstruieren die Sicherheit, dann den Motor darum. Die Philosophie des Q-Autos ist: Wir konstruieren den Motor, dann die Sicherheit darum.

Die Volldigitalisierung des S-Autos kann das Schlachtfeld Autoverkehr in Europa, auf der Welt, so gut wie ganz verschwinden lassen.

I. Das Fortbewegungs- und Sicherheits-System "Lancet" - (5 Systemelemente)

1. Das Lancet-oder S-Auto 2. Die Front-Heck-Stossdämpfer-Kurbelwelle, statt Starrachse (Stossdämpferachsensystem), die mit Front-, Heck- und Seitenflügeln verkoppelt ist 3. Das Carbon-Autokammer-System und, last, but not least, 4. Das Leitplankensystem (das spielt keine Nebenrolle, ist wesentlicher Bestandteil des ganzen Systems, teils am Auto, teils am Strassenrand

und in der Strassenmitte). 5. Die digitale Vollabsicherung - und - steuerung des S-Autos (mit Sensoren werden Kollisionen vorweggenommen, selber wegkorrigiert, das Auto der Zukunft kann wegen der Präkollisionsvollbremsautomatik, nicht mehr mit einem anderen tödlich kollidieren (ausgenommen dritte Kräfte und Computerfehler); es bremst in solchen Bedrohungslagen von selbst, es lenkt, weicht aus - am Ende fährt es sicher das Ziel an. Das S-System ist auf diesem computer-technischen Niveau ein Second-order-Update. Das volldigitalisierte S-Auto ist das Ende nicht aller, aber sehr vieler Dramen auf der Strasse, doch kehren wir zurück in die Realität und zu diesen Dramen.

Der Killer beim Autounfall ist die kinetische Energie, die zur Zerstörungsenergie wird (bei dem einen Autofahrer mag Alkohol im Spiel gewesen sein, bei dem anderen nicht...tödlich für beide ist die umgewandelte kinetische Energie). Pro Jahr sterben allein in Deutschland 3600, monatlich rund 300, täglich also 10 Menschen durch Autoverkehr (unbekannt, ob die 700 Toten durch Baumunfälle oder die später an den Unfallfolgen Verstorbenen dazugezählt wurden: das erhöhte die Zahl auf weit über 4000 Tote pro Jahr) - auf Europa bezogen 30 000 Menschen, die jährlich durch Verkehrsunfälle zu Tode kommen. Gemeint Europa mit dem kleinen Osteuropa. Zählen wir das grosse Osteuropa, Russland, dazu, erleiden jährlich rund 40 000 Menschen Verkehrsunfalltode, noch mehr, schwer und schwerst Verletzungen und Behinderungen. Jahr für Jahr lässt das Schlachtfeld Autoverkehr in Europa 100 000 Menschen liegen, die schwer verletzt oder tot sind: Für die Gesundheitsindustrie ein lukratives Geschäft, für

Krankenkassen und Versicherungen ein grosser Ausgabenposten, für die Bürger* ein enormer Steueraufwand - zu schweigen von Trauer, Schmerz und Elend für die direkt und indirekt Betroffenen.

Das Safety-Auto des 21. oder 22. Jahrhunderts, gesetzt, Autoverkehr fährt dann nicht hochgeregelt und volldigital gesteuert wie ein individuierter Bahnverkehr, hat objektiv zwei Aufgaben optimaler zu lösen als das konventionelle Auto: erstens, Personen (und Waren) ökonomisch und ökologisch von A nach B zu transportieren, zweitens, das Mass an Sicherheit zu erhöhen für die Insassen und alle Menschen ausserhalb des Autos. Das Mass an Unfalltoten zu senken. Drama und Elend der Betroffenen auf eine geringere Anzahl zu beschränken. Objektiv heisst das, ein Auto so zu bauen, dass seine kinetische Energie eine geringst mögliche Vernichtungswirkung nach innen und nach aussen entfalten kann (neben anderen, kleineren Faktoren wie die Grösse des toten Winkels, generell der zu geringen Umschau, die zu Unfällen führt) - am Ende steht das volldigital gesteuerte und kontrollierte -S-Auto, nicht mechanische Steuer-, sondern digitale Computerfehler werden die seltenen tödlichen und schwer verletzenden Kollisionen bewirken, bremst das Digitale das Kinetische nicht.

Die klassische Formel für kinetische Energie (T) für das konventionelle Auto ist - sorry - , das muss jetzt sein: $T = 1/2\ mv^2$ = (1/2) x Masse (m) x Geschwindigkeit (v) im Quadrat (^{2}). Wir ergänzen diese Formel mit dem Faktor "f" als Bezeichnung für Form (f) von Front (und Heck) des Autos (quadratisches oder Q-Auto). "f = 1" ist die

Mauer des quadratischen Autos. f = 1 steht für die 180°/2 x 90°-Form von Front und Heck zur Längsachse, steht für "Mauern" vor und hinter den Insassen, ausgespart die seitlichen. Beim parallelen Aufprall von "f =1"-Fronten setzt es kinetische Energie potentiell „voll" um. Der Faktor f kann Mass und Art dieser Umwandlung massiv beeinflussen, kollidieren statt Q-Autos, S-Autos ("Spitzbogen-Auto mit f = deutlich kleiner 1, auch H-Autos, Hexagon-Autos) kombiniert mit einem *Längsachsenstossdämpfersystem*. Wir rechnen hier also mit einer, um den Faktor f, ergänzten und differenzierten Formel für kinetische Energie, die lautet nun:

$T = 1/2 \, mv^2 f$ = 1/2 x Masse (m) x Geschwindigkeit im Quadrat (v^2) x Form (f) (hier: f =1). Mit anderen Worten: wir haben drei Grössen : m - v - f, die wir so verändern wollen, dass die kinetische Energie eine möglichst geringe Vernichtungsenergie entfaltet. ($T = 1/2 \, mfv^2$; Formal/technischer Teil zu f = 0 - Grenzwert etc. wurde entfernt)

Der Politik ist das, nur zum Teil, bewusst, sie nimmt vor allem auf die Grösse "v^2" Einfluss, insofern sie Tempobeschränkungen einführte - weil das die Emissionsbelastung (Schall, Abgas, Abrieb), den ökologischen Fussabdruck und die kinetische Vernichtungsenergie von Autos deutlich verrringert. Wie es Politik mit sich bringt: über das Mass dieser Grösse "v", bzw. ihre Beschränkung, gibt es Streit, zumal Meinungsverschiedenheit: eine gewisse "Freiheitslobby" will auf Autobahnen, zumal streckenweise, unbeschränktes Tempo (wohlgemerkt: mit Q-Autos) zulassen, eine andere will nur "saubere Energie" und

"120", usw. Beachten wir in unserer Formel das "²" von v^2: d.h.: die Vernichtungswirkung der kinetischen Energie nimmt durch Geschwindigkeit, nicht durch Masse, exponentiell, im Quadrat, zu. Fährt ein Auto von 1200 kg mit 30 km/h gegen eine Mauer, steckt das der angeschnallte Dummy locker weg, nicht so locker in einem Auto von 600 kg mit 60 km/h (Die Leserin kann den Unterschied der zwei Aufprallenergien ja jetzt ausrechnen, in k/J-Einheiten...).

Doch wir wollen uns hier auf die Grösse "f" konzentrieren, nicht auf "m" und "v", und zunächst uns wundern, warum Autobauer "Frontalfronten" und "Frontalhecks" bevorzugen - die die volle Vernichtungsenergie (f = 1) quasi vor ihrer Nase (und im Hinterteil) mitschleppen. Die Mauer wartet nur, auf eine andere Mauer zu prallen...., zudem liefert f=1 den maximalen Luftwiderstand, also maximalen Spritfrass, ausser bei Sportwagen, die Pioniere wie Pininfarina klassisch modern für Q-Autos designten. Hier wurde die Front abgeflacht, zu einer Art Haifischfront, doch blieb, grosso modo, die quadratische Grundform und das frontale Heck erhalten, somit, auch hier, die vernichtende kinetische Energie für das eigene, für andere Autos und Fussgänger in der Energieformel mit f=1.:

"f = 1" ist auch der potentielle Zustand: in dem die Q-Front bei der Kollision (Q- gegen Q-Front; gegen Mauer; gegen Baum) ihre kinetische Energie "voll" in Vernichtungsenergie umsetzt - heute das übliche Unfallszenario, das zum Tode im und um das Auto führt. Ambitioniertes Sicherheitsziel wäre es, dass solche Unfälle bald nur noch selten geschehen. Dafür hätten

Politik und Gesellschaft den Ehrgeiz der Autobauer und Wunsch der AutonutzerInnen zu wecken. Nicht zuletzt, jenen von Familienmüttern- und -vätern und das scheint durchaus im Bereich des Möglichen zu liegen. Als politisches Ziel zunächst, später umgesetzt in Realität.

Definition: Ein Lancet-oder S-Auto (s. Skizze unten) des S-Systems ist ein Typ von Auto, das sich A) in Front und Heck wie ein Spitzbogen (lancet) zusammenzieht, B) von der schmalen Frontspitze bis zur schmalen Heckspitze, durch das ganze Auto hindurch, eine Stossdämpferachse besitzt (Stossdämpferachsensystem), C) aus einer Carbonkammer gebaut ist, ähnlich wie die Autos der Formel 1, und, ausserdem, D) auf eine angepasste Leitverplankung trifft - am Auto und auf der Strasse. Zum Sicherheitspaket gehören die üblichen Airbags und Gurte.

Spitzwinklige Hexagonal-Autos (S-Autos, siehe Skizze III) können im Verkehr so gut wie nicht mehr "frontal" aufeinanderprallen, krachen sie nicht auf ein "Q-Auto". Einen Teil der kinetischen Energie lenkt es auch bei einem Frontalaufprall (gegen Baum, ungünstiger ist gegen Mauer) auf den Achsenstossdämpfer in der Front oder im Heck (fährt von hinten ein S-Auto auf) bzw. auf die Front- oder Heck"seitenflügel" des S-Autos, einen anderen Teil der Energie dämpft, neutralisiert es, auch, weil das S-Auto im und nach dem Crash weiterbremst (unabhängige Bremssysteme: falls vorne zerstört, bremst es hinten weiter, et vice versa). Die vernichtende Wirkung von "$f = 1$" wird aussen durch die Formveränderung x ($f = 1 - x$), innen durch Stossdämpferlängsachse (und - querachsen) und die eingeschränkten "v" und "m", reduziert. Ausserdem bewegen sich S-Auto-Fahrende in einer sicheren, oval-ründlichen Hülle, die die kinetische Energie beim Überschlagen wie eine schusssichere Weste abfängt. Das Hauptaugenmerk liegt hier nicht bei der Beschränkung von v, (= >v<; wenn ">" = nicht kleiner, "<" = nicht grösser als), die für die Wucht des Verkehrsunfalls, neben f, der wichtigste Faktor ist, wobei m *potentiell*, durch "v" und "f" *reel,* der Hauptvernichter bleibt, sondern bei f, bei der Verkleinerung von "f = 1" durch Formveränderung bzw. Umformung. Und zwar aller, nicht eines Autos, erst das garantiert flächendeckend den erhöhten Sicherheitgewinn von S-Autos. Prallt ein S-, auf ein Q-, statt auf ein S-Auto, kann das über Leben und Tod entscheiden (wie Beschränkungen von "v" und "m").

Gewichtsbeschränkung: "m" ist der massivste Teil des S-Systems und sollte wie v beschränkt werden, jedenfalls garantiert das S-System deutlich höhere Sicherheit im Strassenverkehr erst dann, wenn neben f und v, auch **m** reduziert wird **(m =>m<).** Setzen wir die Gewichtsbeschränkung >m< für S-Autos, zum Beispiel, zwischen 900 und 1300kg (d.h. leichter als 900kg, schwerer als 1300 kg darf ein S-Auto auf Europas Strassen nicht sein; Tendenz abnehmend), wovon Achsen- und Seitendämpfung oder Dämpf-, Ablenk- und Bremsanlage der zugelassenen S-Autos, proportional zum Gesamtgewicht, eine *Mindestmasse* aufzuweisen hätten (z.B. 20%, in der geprüften und zugelassenen Qualität x). Angenommen der "Q-Smart" mit 800 kg wäre das leichteste Q-Auto, dann wäre das leichteste zugelassene S-Auto auf unseren Strassen der 900 kg schwere "S-Smart" "leichter", dürfte kein S-Auto sein (wie gesagt: Tendenz abnehmen, 2050 wiegen Autos vielleicht höchstens 300 bis 500 kg). Mindestsicherheitsgewicht heisst: mindestens soviel "Sicherheitsquantität" (mit inhärenter "-qualität") müsste zu seiner Sicherheit jedes S-Auto auf die Strasse bringen. Die leichtesten S-Autos wären zur Zeit schwerer als die leichtesten Q-Autos; die schwersten S-, leichter als die schwersten Q-Autos, dafür besässe jedes S-Auto (T-formal: f=0,5, m = >m<, v = >v<) eine annähernd gleich gute Achsenstoss- und Leitdämpfung, bzw. Grundsicherheit (das ist wie bei TÜV-zertifizierten Kindersitzen, Helmen oder Fallschirmen, auch sie müssen ein gewisses Ausstattungsformat und Testprofil erfüllen), ausserdem sicherte eine Gewichtsobergrenze, dass S-Autos höchstens mit maximal 80%, nicht mit über 300% schwereren S-Autos kollidierten (900 kg schwere Autos nicht mit 2700 kg schweren, höchstens mit 1300 kg), so dass nicht die einen Insassen im schweren S-Auto die anderen im leichten S-Auto töteten, weil die Wucht, der Faktor "m" in T, zu gross wäre für die Abdämpfungs- und Ablenkungskapazität des dreimal leichteren Autos.

Ohne Zweifel: Eine gesetzliche *Gewichtsbeschränkung* für Autos trägt neben der *Geschwindigkeitsbeschränkung* zur Sicherheit und zum Schutz von Leib und Leben der Autoinsassen bei, da die Grösse m - von v und f in Position gebracht - unser Hauptvernichter und Schädiger im Autounfall bleibt (siehe weit oben), und neben Auto-, auch für Autostrassenbauer und Konstrukteure des Strassenplankensystems eine Belastungsgrenze-/grösse, die vor allem "v" (exponentiell) und "m" (linear) definieren, sinnvoll ist. Mit welcher Energie, Geschwindigkeit und Masse - ob mit 3000 kg und 180 km/h oder 1200 kg und 120 km/h - gesetzlich abgeblockt bei 150 km/h - S-Autos kollidieren, bremsen und in Leitplanken geschleudert werden, das macht einen grossen Unterschied (rechnen Sie nach, mit $f = 0,5$ und mit $f = 1$ (wobei f vermutlich nicht linear, mir aber Zeit und Geduld fehlen, in Tests und Berechnungen den genauen Faktor für "x" in $f = 1 - x$ in der Formel für T, prallen z.B. statt Q- ohne, S-Autos mit Stossdämpfersystem, voll, aber leicht verschoben, bei gleicher und ungleicher "v" und "m", aufeinander, auszutüfteln. Ebenso das Mass für Energietransformation, dem f dabei entspricht. Das waren einst Aufgaben für Leibnize, die sie das Instrument der Analysis erfinden liess, heute sind es Aufgaben für PhysikstudentInnen und Ingenieure).

Der S-Auto-Strassenbau braucht auch bei den Planken eine Rahmengrösse - eine Norm-Wucht-Grösse, da S-Planken ja besonders prädestiniert sind, kinetische Energie von PKWs aufzunehmen, abzubremsen und zu neutralisieren. (Bei LKWs verhält es sich anders: für sich und PKW-Insassen stellen sie im Unfall häufig ein anderes Risiko dar ("v" ist bei ihnen stärker reduziert, etc.), auch dann, treibt es sie in die Planken: LKWs sind im unteren Bereich, auf der Fahrhöhe von S-PKWs, sicherer zu gestalten, siehe rudimentäre Skizze). Mit anderen Worten - auch LKWs widerlegen nicht: Ein gesetzlich vorgeschriebenes Gewicht (>m<) fiele wie die beschränkte Geschwindigkeit (>v<) und veränderte Form des Autos ($f < 1$) vorteilhaft für die Sicherheit der Verkehrsteilnehmenden ins Gewicht, verbesserte die

Verletzungs- und Todesstatistik, die ökologische Bilanz und senkte die volkswirtschaftliche Belastung (wobei ein Spielraum zwischen 900kg und 1300 kg immerhin 400 kg Innovation, Distinktion und Luxus zwischen Grund- und Luxusausstattungen erlaubten und, was noch wichtiger ist, die Grundaustattungen aller Elemente des S-Systems, nicht nur das S-Auto, verblieben im Innovations- und Verbesserungsspielraum. Auf diesen käme es besonders an, weniger auf das Extra-Chichi.

Die Formveränderung des Autos ($f = 1 - x$) korrespondiert mit der Umwandlung der kinetischen Energie in Ablenk- statt in Aufprallenergie - insofern ist "f" auch ein Mass für Energie*transformation* und Energie*mengen*, die beim (fast) Frontal-Aufprall von zwei S-Autos abgelenkt, im Verhältnis zur vollen Umsetzung, verringert werden, zudem ist bei (fast) frontal "aufprallenden" S-Autos der Bremsweg *häufiger bzw. wahrscheinlicher* länger als bei Q-Autos. Will heissen: Folgen wir Physik und Wahrscheinlichkeitsrechnung ist es eine unverantwortliche und ökonomische Idiotie, von einer ganzen Clique von Managern und Designern, immer noch Autos mit "f gleich 1" zu bauen. (d.h. ohne "f" in ein S-Automobil-System zu integrieren, ohne regulierte Masse "m", bloss mit regulierter "v" - trägt nicht hauptsächlich die Politik die Verantwortung dafür)

Wir resümmieren und summieren das Gesagte: 1. Statt kinetische Energie in Vernichtung, wandeln S-Autos bedeutende Teile davon in Schleuderenergie und Verpuffung. 2. das Bremsen wird durch den Crash nicht abrupt gestoppt, sondern länger, bleiben die Räder am Boden (auch für entgegenkommende Autos nicht unwichtig), 3. addieren sich die Ablenkungs- und Dämpfeffekte beider S-Autos gegenseitig. Das Ziel ist folgendes: Sogar frontal kollidierende S-Autos crashen nicht, sie streifen, schrammen sich, werden weggeschleudert, aber bremsen im Crash weiter, alles in allem verquetschen und verkeilen sie sich nicht wie frontal kollidierende Q-Autos - so abrupt gestoppt wie manches Male tödlich. Deshalb ist es sinnvoll und hat es Zukunft, für die Sicherheit aller in der Gestalt der Zulassung im öffentlichen Raum und im Rahmen der hier diskutierten Formel, 1. die Grundform der Autos ("f"), mit der impliziten Grunddämpfung, 2. den Spielraum von "m", der statischen Masse, nicht nur, 3. die Geschwindigkeit ("v") auf Europas Strassen zu harmonisieren, d.h. demokratisch zu bestimmen, zunächst zu Gunsten der Sicherheit der Menschen und det Lebensgrundlagen künftiger Generationen, dann der Volkskassen und dem allgemeinen Wohlbefinden.

Die Leitplanken sind wegen der starken Ablenkungsenergie, die besonders S-Autos entfalten und vor allem an jene abgeben sollen, ein wichtiger Bestandteil, statt, wie bisher, ein Randphänomen, des Autoverkehrs. Zu schweigen vom Motorradverkehr. Auch der Strassenbau gestaltet sich für das "S-System" etwas anders als für das "Q-System". Das Mehr an Beanspruchung, an Einbeziehung der Leit- und Bremsverplanung in das Fortbewegungs- und Sicherheitssystem "S" und die höhere Summe an Vernichtungsenergie, die es aufnimmt, umlenkt und neutralisiert, bringen es mit sich, dass S-Autos über "Ablenk- und Stossdämpferplanken" und abdämpfende Seitenflügel und Strassen über "Bremsleitplanken" einer neuen Generation verfügen müssen (höher, stärker, elastischer, usw.). Bei S-Autos sind die äusseren Leitplanken oder "Flügel"stossdämpfer mit der inneren Stossdämpferlängsachse (und -querachse/n) verbunden, so, dass es die Autos möglichst in die Leitplanken am Strassenrand lenkt; die Wucht der kinetischen Energie aus Kollisionen soll ja möglichst in sie, nicht in das Autoinnere gelangen. S-Autos produzierten selbst dort Ablenkungs-, statt Frontalkollisionen, wo das für Q-Autos unmöglich ist und ihre Stossdämpferlängs- und querachse (das Stossdämpferachsensystem) lenkt Aufprälle ab, dämpft sie nicht bloss. So dass das S-System so untödlich, lebenswahrend und familiensicher wie keines zuvor sein wird - für Europas Strassen, für alle Strassen.

Die Zeiten, mit dem Auto zu Tode zu kommen, die Zeiten, dass Albert Camus und James Dean ihr junges Leben auf Strassen lassen müssen, sind so gut wie vorbei, heisst es dann in den Zeitungen überschwänglich und übertrieben - ja, vielleicht könnte das geschehn, je mehr das S-System digital vollgesteuert ist. Einige mögen das bedauern und den guten alten "Marlboro-Zeiten" des Autofahrens, den 100 000 schwer und schwerst Verletzten und Toten, jährlich, hinterher trauern, wenn nicht - gesetzt, das Verhältnis zum Leben und zur Sicherheit wird sich in dieser Art gewandelt haben - mit Bestürzung feststellen, in welchem Wilden Westen Q-Autos das Leben von tausenden von Familien "unnötig" der Gefahr ausgesetzt und unzählbare davon ausgelöscht hatten.

Folgt der soziale Fortschritt der Überzeugungskraft der Physik (und der Sicherheitsdigitalität), ist die Prognose sicher: Eines Tages werden Q-Autos ausgemustert werden, beim Hobbysammler und im Museum landen. Doch für jene, die in diesen "gefährlichen" Pionier-Karosserien einmal sitzen und fahren wollen, - in den Audis, Bugattis, Citroens, Fords, Mercedes, Porsches, Rolls Royce und VWs der Generation Q -, wird es wahrscheinlich besondere Gelegenheiten und Gelände geben, besondere Rennstrecken für einen Wochenend-Kurs: "*Q-Autos: Fahren in Rennlegenden der 1930er Jahre* [sorry, nur Nachbauten!]. Mit historischer und technischer Einführung", denn heute schon kann der domestizierte Autofahrer in Aqua-Planning-Schleuderkursen und Porsche-Eisrallies in Finnland, seinen oder ihren Spass am Risiko und Speed, an Wildheit, Abenteuer und Anarchie ausleben, sich einen Kick holen und das instinktgeeichte Können wecken, Gefahren zu erfahren, zu erleben und - bei gesteigertem Stress- und Testosteronspiegel - bravourös zu meistern, zu überleben. Doppeltes Vergnügen: Bungee-Jumping-Feeling in Strassenkurven. Freiwillig wird hier erlebt und überlebt, wörtlich er-fahren, was der durchreglementierte Verkehrsalltag nicht mehr hergibt, ausser bei Unfällen, die niemand will.

Die immer grösseren, schnelleren, teureren PS-Boliden leben immer mehr in einer Parallelwelt reiner Luxusillusionen, in der einige ihr narzistisches Phantasma (Statushochgefühl; Vermögenshybris und dergleichen) ausleben, angesichts einer immer nivellierteren, reglementierteren, gelenkteren und dichteren Autoverkehrswelt, die das "grösser, schneller, teurer" abdrosselt und entwertet, zumal vergleichwertigt. 30 km/h innerorts, 120 auf der Autobahn, gelten für alle Autos, egal, ob rostig oder mit Goldanstrich, ob mit Smart (71 PS) oder mit Porsche Cayenne (471 PS) gefahren. Ausserdem, im Prinzip braucht niemand für 120 km/h seiner Karre 480 Pferde vorzuspannen, dafür reichen, gut gefüttert, 80 Pferde (was, politisch, die Festlegung einer PS-und Motorengrössen-Obergrenze, neben derjenigen für Geschwindigkeit, nahelegte). Doch das wird so leicht, so schnell nicht gehen:

Nenne ich 500 Pferdestärken (mal zwei, drei, ...) mein eigen, steht etwas Grosses, Mächtiges in meinem Autostall! Denn auch in Nepalischen und Mongolischen Weidegründen besitzt derjenige mit der grössten Ziegenherde im Tal, in der Regel das mächtigste Statut, den Rang eines Talchefs (ausserdem steht die Cashmirziege höher im Kurs als die einfache). So betrachtet, bestehen weniger Weiterentwicklung und Unterschied als Verwandtschaft und Ähnlichkeit zwischen einem 500-PS-Autohalter in München und einem Ziegenherdenbesitzer in der Mongolei: ich habe eine grosse Anzahl PS unter meiner Haube, heisst für diesen, ich habe eine grosse Anzahl Ziegen in meiner Herde, eine Anzahl, die weit über das hinaus geht, was ich eigentlich zum Leben, resp. Fahren, brauche. Wenn nicht anders, dann so, stecken Q-Auto-Besitzer in der Mentalität dieser alten Bauern, die Reichtum mit Überfluss, Notreserve (Vorsorge) und Vergleichsgewinn unter anderen und Dingen, verbinden, weniger mit der Möglichkeit, über andere zu herrschen, so ähnlich wie in den Grundrissen von Kutschen, fest. In Dingen, die was "Fortschritt" betrifft, jenen archaischen oder elementaren

Eigenleben entsprechen in der Moderne, die nicht sauber synthetisierbar, nicht vollkommen "hegelianisch" aufgehoben erscheinen und werden können, vielmehr die Teilbarkeit, Zusammensetzbarkeit, Brüchigkeit und Brechbarkeit der Moderne selbst ausmachen, die gleichzeitige Ungleichzeitigkeit und verunsichtbarisierte Mehrschichtigkeit und Geschichtetheit, Verflochtenheit Verschlungenheit, unserer Gegenwart.

Kehren wir zu "f = 1" zurück: Der worst case, die tödlichste Formel, für den Autoverkehr, ist f=1 (häufig kombiniert mit einem Promillewert höher 1. Allein die Nüchternheit der entgegenfahrenden Familie besitzt in dieser Formel, im schlimmsten Fall, den Wert "0".) Der tödliche Ausgang solcher Begegnungen zeigt am Ort, wo Fahrlässige, regelmässig unregelmässig, Unfahrlässige überfahren, nicht nur sich (es sei, "dritte Kräfte" verursachen die Karambolage): Autofahren ist kein "privater Monolog", ist eine "soziale Lokomotion" im öffentlichen Raum, der gemeinschaftlich gut geregelt sein sollte (und es auch ist), vorab staatlich und gesetzlich im Auftrag der Gesellschaft. Die Formel "f = 1" ist Q-Autos auf die Stirn und in den Hintern tätowiert. Moderater formuliert: Q-Autos sind gemeingefährlicher als S-Autos, wieviel, steht noch aus, hängt von vielen Faktoren ab (gesetzlichen, technischen, strassenbaulichen). Wie gesagt, Q-Autos werden, früher oder später, mit hoher Wahrscheinlichkeit, aus dem Verkehr gezogen. Gewisse Q-Auto-Besitzer spekulieren, bis dahin, mit ihrer Masse und Lenkerhöhe auf einen Sicherheitsvorteil gegenüber anderen Q-Autos: die Reichen fahren die sichereren Autos als die Armen und, wenn es kracht, haben sie die besseren

Krankenversicherungen, das wäre für den öffentlichen Raum und für den Frieden in der Gesellschaft, der mit diesem viel zu tun hat, ein notorisch unbefriedigender, neiderfüllender, aufreizender, verdruss- und stresserzeugender Zustand. Deshalb ist es gerecht und fair, nicht nur sicher, haben, S- wie Q-Autos für die Zulassung im öffentlichen Verkehr, im öffentlichen Raum, gleiche Grundsicherheiten und Grundnormen in der Verwinkelung der Flügel, in der Bremskraft, in der Mindest- und Maximalmasse, in der Dämpfkraft und Höhe des Achsenstossdämpfers - vielleicht auch nach neuen Unter- und Obergrenzen - zu erfüllen, so dass die Hauptstimme des Souveräns, die grosse demokratische Öffentlichkeit, nicht im Eigennutzen befangene Private, über den öffentlichen Raum bestimmt, besonders dort, wo es die körperliche Unversehrtheit, unsere Gesundheit und die Grundlagen künftiger Generationen betrifft.

Gewiss bedient "f=1" auch ein gewisses "Männlichkeitsbild": Autos sind die klassischen Puppen, Autorennbahnen die klassischen Puppenhäuser für Jungs. Der Vorgänger der römischen Rennkutsche stammt aus der assyrischen Kavallerie, doch unserem Auto näher ist unser Pferdekutschenzeitalter, in dem 4 Pferde in der Front, im Geschirr, keine tödliche Kollisionsgefahr bedeuteten, von vorne nicht, erst recht nicht von hinten. Die Kutschenzeit, die Kutschenkarosse mit 4 Rädern, prägte die Q-Form, die Karosserie des Autos. Ab einer gewissen Geschwindigkeit, jenseits der Kutschendimension, begannen sich Luftwiderstand und Rotation bemerkbar zu machen, das Auto stieg vom hohen Ross herunter, aber nahm die Karosse mit. Und schlich, testete, entwickelte sich, bodennahe, an die optimale Oberflächenphysik heran: möglichst wenig Luftwiderstand und Rotation, gute Bodenhaftung und gutes Bremswerk, erzeugten, verbunden mit immer mehr Erfahrung und besseren Innovationen, das automobile Fortbewegungs- und Geschwindigkeitsoptimum: Optimale Sicherheit hätte damals Stillstand bedeutet. Und ging es um Rennwagen, legte Mercedes Benz die Raketenform, eine frontale S-Form, vor, rein aus Geschwindigkeits- und Sieges-, nicht aus Sicherheitsgründen.

Die Raketenform blieb Episode. Noch heute werden vielmehr Q-Autos ob ihrer "bulligen" und "markant eckigen" Front angepriesen. Solche "maskulinen" Autofronten bewerben Assoziationen wie: Seht, wie bedrohlich sehen wir doch aus. Mit was für einer grossen Keule bin ich unterwegs, wir fahren lamborghinieske Haifische durch die Gegend, die richtig böse knurren, schnell attackieren, es fehlt nur noch: beissen, können, seht, unsere Autokeiler bedrohen, auf eine unnötige, ja, idiotische Weise, die körperliche Unversehrtheit und das Leben der Insassen und die Unversehrtheit anderer Menschen. Seht, wie toll wir es finden, eine Mauer vor und hinter dem Fahrer, der Fahrerin, aufzubauen, die, im Kollisionsfall, statt möglichst wenig, möglichst viel Vernichtung einfängt und verteilt - seht, wie dümmlich und dämlich im Grunde Frontalfronten, ja, Q-Autos, sind.

Optimistisch bedacht, wird sich diese "Vernichtungsästhetik" des Q-Autos, der Bolidenhype um die vierkantigen Humvees, bereits in naher Zukunft als abnehmend verkaufsförderlich erweisen, und die Freiheitssymbolik des Autofahrens, so ähnlich wie die des Rauchens, das mittlerweile in vielen öffentlichen Räumen und Werbeflächen, nicht nur in Europa, verboten ist, wird von anderen, klügeren, sichereren, familienfreundlicheren Assoziationen abgelöst werden. Zeitgenossinnen eines grösseren, eines anderen Europas, werden sich vielleicht eines Tages, wenn nicht bereits jetzt, wundern, ob diesen quadratischen Autofronten, Frontalformen, die sich, zusammen mit einem "kantigen Männerbild" vor allem während des 20. Jahrhunderts so erfolgreich verkauft hatten. Die Sprache der Autowerbung ist heute natürlich vielfältiger, ein Spiegel der ausdifferenzierten Gesellschaft, so wie die Autopalette vom "maskulinen" Singelflitzer bis zur "rundlichen" Familienkutsche, vom dämlichen Benzinkiller bis zum intelligenten Hybridauto geht - wichtig ist auch hier, dass der Staat der Gesellschaft für Standards der Sicherheit, der Ökologie und der Gleichheit in diesem öffentlichen Fortbewegungsraum sorgen kann - die Autoindustrie nicht einfach "ihr" Ding machen lässt, besonders dann nicht, wenn sie bloss bestandserhaltend ihre Eigeninteressen, nicht, generationenerhaltend, das Allgemeininteresse, vertritt und verfolgt. Eine politisch brisante Differenz zwischen Überschneidung und Bruchstelle. Die demnächst Jürgen Kocka diskutiert unter dem Label: "Demokratie ist nicht kapitalistisch, Kapitalismus nicht demokratisch". Erhards soziale Marktwirtschaft ist ein Versuch des Spagats zwischen beidem (kaum der letzte), das dürfte der Historiker in seinem Wiener Vortrag mindestens erwähnen.

Der worst case: direktes frontales Aufprallen oder Auffahren, wird wahrscheinlich im Autoverkehr der

Zukunft auf ein Minimum reduziert worden und seitwärtiges frontales Aufprallen, dank des neuen Stossdämpfersystems, deutlich weniger tödlich sein. Der frontale Aufprall zweier Autos, von vorne oder hinten, kommen dann kaum noch vor. Für Deutschland hiesse das: vielleicht 2, 3 Verkehrsunfalltote, statt 10 pro Tag: 80% weniger tödliche, 60, 50% weniger schwer verletzende Verkehrsunfälle. Das wäre nicht nur ein wunderbarer, das ist ein gangbarer Fortschritt. Der politische Auftrag für diese Zielgrösse, die der Autoindustrie zu vermitteln ist - besonders jener, deren Kopf völlig mit Profitmargen vernebelt ist - ist klar: Die tödliche Umwandlung von kinetischer Energie, die täglich unter Q-Autos stattfindet, soll dauer- und massenhaft verhindert und reduziert werden, ohne dass das Auto im Schneckentempo fährt. Das bedeutet, wir schrauben nicht nur an der Grösse "m" und "v" (Beschränkung) herum, sondern an der Grösse f (Umformung) und denken das Auto in der Vielzahl, nicht als Einzelnes, als Systemelement, nicht als Ganzes. So dass kinetische Energie nicht mit "f=1" aufprallen muss, sondern mit $f = 0,4$, abprallen kann und ihr tödliches Potential in das Leere und die Leitplanken, statt in die Leiber und das Leiden, lenkt.

Das System "S" oder "Lancet" bedenkt auch den Schutz der körperlichen Unversehrtheit unter Fussgängerinnen: sie werden beim Aufprall mit einem S-Auto mit geringerer f-Kraft weggeschleudert als mit einem Q-Auto, nicht hochgeschleudert, eher seitwärts weggeprellt. Doch bleibt die Gefährdung hoch, im Vergleich mit Crashs unter S-Autos, S-Autos und Bäumen. Beginnen die Menschen nicht mit diesen viel sichereren Autos noch leichtsinniger und öfter zu rasen und damit den Sicherheitsgewinn dieses Systems zu kassieren. Doch um das zu verhindern, gibt es die Zulassung, die Ordnunghütung so wie den Kultur-, und Mentalitätswandel (vgl. die USA, in der, schon seit Jahrzehnten, eine "Sitte" stark gedrosselter wie überwachter Geschwindigkeit auf den Strassen herrscht).

Politik und Staat zwischen Kooperation, Förderung und Konflikt mit Autobauern und –Auto-Importeuren- mit kurzem Abstecher zum Freinhandelsabkommen : TTIP. Nicht nur in der deutschen Europanation, in der Europanation Deutschland gilt: Staat und Politik haben die „körperliche Unversehrtheit" (GG 2.2), der Bürgerin, des Bürgers, der Menschen - im Auftrag des Volkes, von dem alle Staatsgewalt ausgeht" (GG 20) - und die „natürlichen Grundlagen für die künftigen Generationen" zu schützen (GG 20.a), hinzukommt (für die Verfassung für Europa...), jede, jeder, die, der hier, in Deutschland, in Europa, lebt, trage dazu bei, sorge selber dafür, nach Massgabe seiner, ihrer Kraft und Möglichkeit. Der Staat ist eine Verstärkungshilfe unseres Selbstschutzes, eine Hilfe zur Selbsthilfe, so wie das kooperative Kollektiv, die Grosse Union Europa, letztlich der Heimatschutz ist. Das Grundgesetz schreibt vor, was Politik und Staat auch tun - Artikel 20.a. ist politisch ausgesprochen "grün", so wie der Grundgesetz-Satz "Eigentum verpflichtet" ausgesprochen sozial ist - nämlich Autobauern und -Importeuren aufzulegen, gewisse Normen einzuhalten (Abgasnormen; eventuell mit Abgasfiltern; Normen im Bereich CO_2-Ausstoss, usw.), wie auch Vorschriften zu setzen für den Verkehr, die Fahrerinnen. Von diesem Grundsatz- und Grundgesetzauftrag ableitbar ist die

Verpflichtung für Staat und Politik, die „körperliche Unversehrtheit" aller, nicht nur deutscher, Landsgenossen und -genossinnen, im privaten und öffentlichen Raum möglichst zu schützen, die Sicherheit und Gesundheit, auch im öffentlichen Raum, im Verkehr, möglichst zu erhalten, konkret könnte das heissen, Forschung und Industrie zu fördern, dass es technisch möglich und politisch realisierbar wird, die monatlich 300 Verkehrsunfalltoten allein in Deutschland auf unter 100, insgesamt in Europa die Verkehrstodes- und Schwerverletztenfälle weiter deutlich, zu senken (so wie Unfälle in anderen Bereichen, in der Industrie, im Handwerk, zu Hause)

Das hiesse: Sowohl E-Autos – sie verringern die CO_2-Emission - als auch das S-Auto-Systempaket zu fördern, mithin Autobauer und –Importeure zu motivieren, das Q-Auto aus dem Verkehr zu ziehen, und es durch das S-Auto-System zu ersetzen - technisch, materiell ein mögliches und fälliges "Up date" des Q-Systems vorzunehmen. Bekanntlich wurden auch Bleibenzin, Autos mit Motoren, die mit Blei fahren, aus dem Verkehr gezogen, da Blei unsere Gesundheit und die natürlichen Lebensgrundlagen künftiger Generationen angreift. Bei Kleinkindern massiv irreparabel angreift. Ähnlich sollte es mit Q-Autos und -Verplankung unserer Strassen geschehen, besteht ein öffentliches Bedürfnis, das lässt sich kaum bestreiten, und genügend politischer Druck dafür. Gehen Autoindustrielle diesen Weg nicht von selbst, hat ihnen Politik Beine zu machen. Das S-Sicherheits- und Fortbewegungssystem funktioniert nur dann optimal, befinden sich keine Q-Autos mehr auf den Strassen, dafür Abprallverplankungen an den S-Autos und die passenden Auffangverplankungen an den Strassenrändern (vielleicht zum Teil auch in den Strassenmitten). Die quadratische Autoform verschwände, ersetzt durch die hexagonale als Teil eines europäischen Fortbewegungs- und Sicherheitssystems, das fraglos besser, die körperliche Unversehrtheit der Menschen, der Familien, im öffentlichen Fortbewegungsraum, im Automobil-Verkehr, erhält und schützt, zudem Volkskassen, allgemein die Steuerbelastung, erleichtert.

'

Eine politische und staatliche Massnahme dieses Kalibers würde zu einer technischen, industriellen und kommerziellen Förderung einer neuen Generation Automobilität in Europa, in der Welt, führen, und geschäftlich, gemeinnützlich und staatlich attraktiv sein: sie rettete in bedeutendem Masse Leben und gewönne ein hohe Mass an durch den heutigen Verkehr verloren gegangener Sicherheit und körperlicher Unversehrtheit zurück. Denn unter Kutschen und Reitern gab es nicht soviele Tote und Verletzte wie heute unter Auto- und Motorradfahrenden, auch wenn jene an vielen anderen Dingen schneller und öfter starben als wir. Die Welt ist seit der Steinzeit kaum sicherer geworden. Die Menschheit besitzt in ihren Arsenalen die allein dem Abrahamgott, einigen babylonischen Vorgänger-Göttern, vielleicht auch Zeus, zugeschriebene apokalyptische Vernichtungsfähigkeit. Es sind gebunkerte PS für die Vernichtung aller, die über das Mass der "Selbstverteidigung" hinausgehen. Sogar ihre eigene Vernichtung hat sich die Menschheit "untertan" gemacht,

Doch wie diese vermeintliche "Herrschaft" leckt, de facto unbeherrschbar ist, zeigt Fukushyma, das die genetische Substanz nicht nur der japanischen Menschheit bedroht - so denn die Fische, Wasser und Wasserpflanzen diese //immer noch nicht gestoppte///Radioaktivität //im Wasser///aufnehmen um sie, durch den internationalen Warenkreislauf, Menschen aller Orten abzugeben, so ähnlich wie in gewissen Gebieten Bayerns Waldpilz und Wildbret wegen Tschernobyl noch lange verseucht bleiben werden. Doch zurück zur Autofahrt, die sich sicher sicherer machen lässt.

Nehmen wir an, das worst-case-scenario durch TTIP für das S-System sei folgendes: in Europa entscheidet sich, es sollen nur noch S-Autos als Bestandteil des S-Systems, keine Q-Autos, zugelassen werden. Alles wäre gut, wenn nicht über TTIP die USA "hineinregierte", deren Auto- und Tiefbauindustrie bei einem Sondergericht klagte, mit dieser Entscheidung, ruinöse Aufwände und Gewinn- bzw. Investitionsverluste in Kauf nehmen zu müssen....egal, ob damit entscheidend mehr Menschenleben, ja, Familien gerettet und Volksökonomien entlastet werden oder nicht. Zuerst, finden die Klagenden, müssen die Profite, die "falsch" getätigten Investitionen gerettet werden. Wir überzeichnen hier etwas (vielleicht einer der US-Autoproduzenten sieht eher Chancen im S-System, usw.), um ein grosses "Problem" von TTIP zu verdeutlichen: Was ist, wenn Innovationen Wettbewerber vor neue Herausforderungen stellten? Inwiefern ist TTIP ein Innovationskiller, statt -förderer? Mehr ein Bestandswahrer als ein Entwicklungsförderer? Auch solche Fragen müssen auf den Tisch und TTIP ist so zu gestalten, dass solche Fälle, solche möglichen Behinderungen, nicht eintreten können, nicht möglich sind, ausserdem brauchen TTIP und CETA *Exit-Klauseln*. Europa und die USA sollen, müssen, die Freiheit behalten, aus Freihandelsabkommen dieser Art auszusteigen, nach einem vertraglich fixierten Ausstiegsmodus. Die Vision ist: Europa sollte E-und S-Autos fördern......der Rest der Welt sollte mitziehen.

Solange bleibt es dabei: quadratisch grundformierte Frontalautos sind mittlerweile idiotisch gefährliche dh. vermeidbare Killer und Todesrisiken. Die SuVs von Range Rover, Mercedes, Ford, Toyota. kommen der Front- und Heckformel "$f = 1$" bei der Entfaltung ihrer kinetischen Energie sehr nahe - vorne wie hinten: die bullige Front und die Mauer von Hintern markieren, es gibt bald hoffentlich entscheidend mehr intelligentere, lebenssichere Formen und Inhalte im Auto- und Strassenbau der Zukunft - so wie politischen Willen und technisches Know-How dafür.

Skizzen -(am besten digital 3 D)

Grundrisse/////konventionelles Auto - Front/Quadrat - neueuropäisches Auto

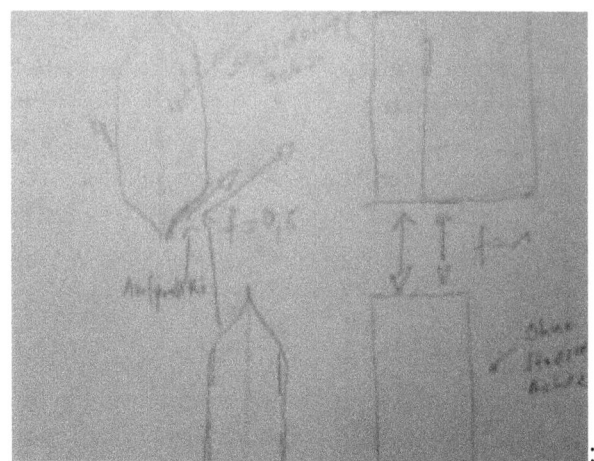

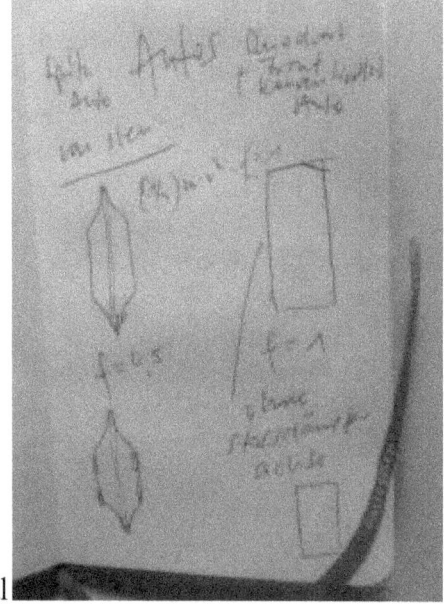

Spitz/Hexagonal

Der Lancet-Car II

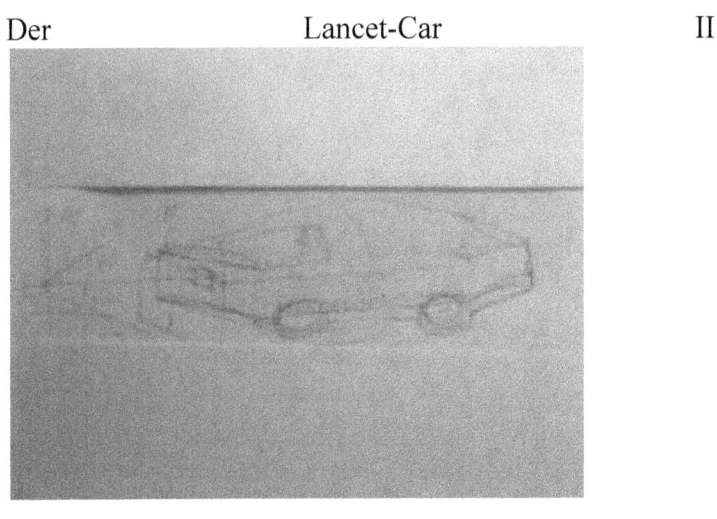

Lancet Car III (oval)

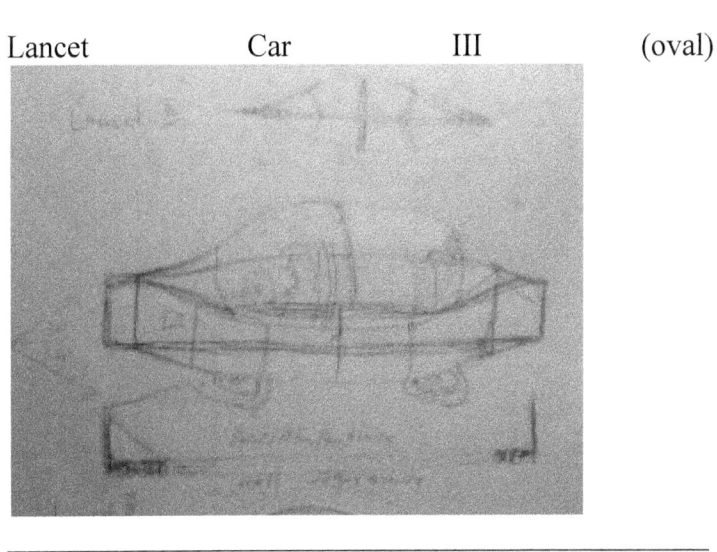

Skizze III. Rechts oben: Stossdämpferlängsachsensystem-Grundriss (ohne Querachsen), Zwischen Frontspitze-Stossdämpfer- und Heckspitze-Stossdämpferstange ist die 2 bis 5 Meter lange Stossdämpferlängsachse (u Kurbelwelle) verbunden mit Front- und Heckflügeln (und Seitenflügeln): oben "aufgeklappt", darunter "zugeklappt". (Reale Tests eruieren das optimale Stossdämpfer/Ablenk-System, einbezüglich Batterie/Motor) : Mitte der Skizze: grosse Pfeile zeigen die Hauptrichtung des Frontallaufpralls beim S-Auto und beim Q-Auto (warum Q/Q tödlicher als S/S und S-Autos Potentiale, Reserve von Bremswege haben, die"Q-Autos" nicht haben); rohste Rohskizze...:

Skizze IV - der "Super-Mini-S" - ohne Q-Parallelseiten, mit Rundum-Stossdämpferachsensystem über Längs- und

Querachse:

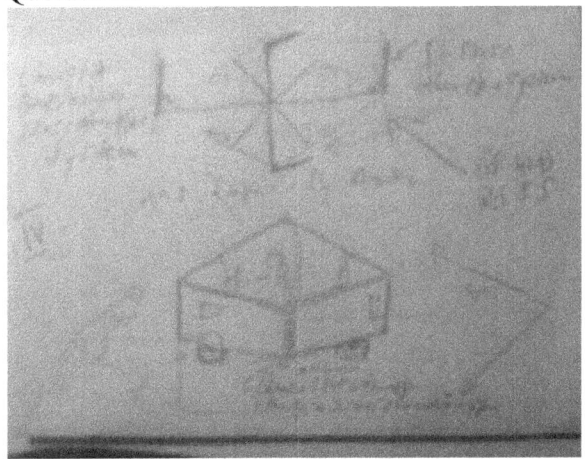

S-LKW (auf Skizze fälschlich: S-PKW) zum Schutze von S-PKW mit Dreieck-Front und aufklappbarem Dreick-Heck und Rundum-Stossdämpfer-Zone herabgesetzt auf PKW-Höhe : zum Schutze der Insassen von S-PKWs. Beim Zusammenprall fallen "m" und fh (Höhe) der LKWs besonders ins Gewicht (Grundriss/Seite):

19.04.2015: Nachtrag: 2. Skizze S-Motorrad (mit 3-Punkte-Gürtel-System), siehe nach 18.04.2015

18.04.2015: Nachtrag zu 1.: Das S-Motorrad (Tipp für Neulesende: siehe zuerst unten, Text "davor")

Innerhalb des S-Auto-Systems wird für das S-Motorrad die Wahrscheinlichkeit der tödlichen Kollision deutlich geringer sein als für das Q-Motorrad im Q-System - denken wir eine sensorielle Präkollisionsvollbremsautomatik bei S-Motorrad und S-Auto hinzu, die die Kollision früher und schneller berechnet (antizipiert) und schneller und stärker reagiert (bremst, lenkt) als die Fahrenden. Zudem steigt die Wahrscheinlichkeit, dass das S-Motorrad, prallt es, trotz Vollbremsautomatik, mit einem S-Auto zusammen, - angenommen bei $T(k)$ (Kinetische bzw. Kollisionssenergie) = $1/2 \ m \ f \ v^2$ ist $f = 0,4$ - , statt eine volle Kollision, einen *zusätzlichen Bremsweg* generiert (wird es nicht weggeschleudert, aber der Motorradfahrer bleibt innerhalb der Carbonhülle und Schutzverplankung des S-Motorrads, weil er in ihr angeschnallt ist). Zusätzlich greift beim mehr ab- als aufprallenden S-Motorrad das vierte Systemteil, die S-Strassenverplankung, lebensrettend ein. Aus Sicherheitsgründen ist das S-Motorrad der Verplankung des S-Autos (gleiche Verplankungshöhe, etc.) anzupassen und ebenfalls mit einer Stossdämpferlängsachse konstruiert; die Position der Räder ist auf dieser Skizze falsch, sie gehören hinter, nicht vor die S-verplankung des S-Motorrads (siehe unten Skizze eines S-Autos: Lancet-Car II; dieselbe Skizze siehe unter 1.)

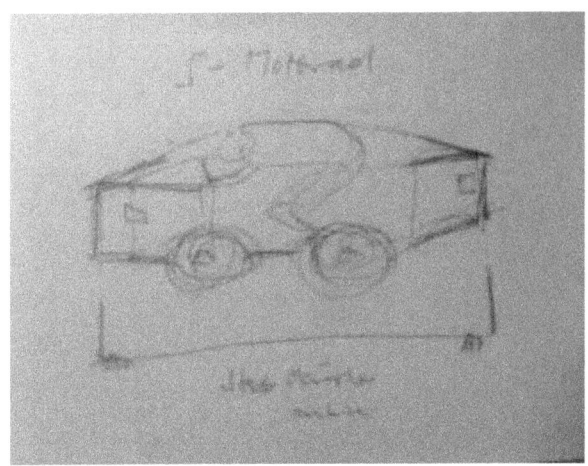

Lancet-Car II.

"Kollision" von S-Autos (im Vergleich mit Q-Autos)

Vgl. Zeit-Artikel "Autos machen Motorradfahren sicherer" vom 18.04.2015 - hinzuzufügen wäre, ja, S-Autos noch sicherer.

S-Motorrad mit Gürtel/Anschnallung (Rumpfgürtel und Handgelenk-Sicherheit; elastisch eingebaut) -

[in Bearb.]

Ganz rohe Skizze, die Gürtel-Anschnallung soll für die Motorradfahrenden bequemer als ein Hosengürtel sein, sie ist direkt hinter dem Sattel in der Längsachse verankert; die zwei Sicherheitsriemen für die Handgelenke (das sind keine "Handschellen", sie bewegen sich, gehen elastisch mit, nur bei "Ruckbewegungen" rasten sie ein; du kannst mit der einen Hand den kleinen Gürtel an der anderen ankoppeln oder entkoppeln)/ /ver//stecken//sich/// z.B. in der linken und rechten Lenkerstange; Tests werden erweisen, ob dieses "Drei-Punkte-Gürtel-System", bei Aufprall dafür sorgt, dass die Fahrende quasi in der S-Motorradschutzhülle verbleibt, nicht rausgeschleudert wird, besser geschützt - bzw. mit und im Motorrad weggeschleudert wird - in die S-Strassenverplankung. Vielleicht werden die vorderen Sicherheitsgurte (meistens auf längeren Touren montiert, den Rumpfgürtel des S-Motorrads zu tragen wird indessen Vorschrift sein wie beim S-(und Q-)Auto. Vielleicht ist dieser fixierte und einschliessbare Schutzgürtel zugleich Nierenschutzgürtel. Bei aktuellen Q-Motorrädern bedeutet ein Rumpfgürtel (und zwei Handgelenks-Gürtel) vermutlich nur einen verminderten Sicherheitsgewinn - auch das wäre zu erproben -, weil die Carbonkammer und Schutzflügel der S-Konstruktion fehlen. In der Skizze fehlt die Andeutung der Stossdämpferlängsachse, die z.B. unter dem Sattel und über dem Tank durch das ganze S-Motorrad hindurchläuft.

03.06.2016

Auszüge aus Mail bezüglich LS1: "...

....glaube, LS1 hat sich ein bisschen herumgesprochen, heute hat sogar ein Pilot von Ecuador den LS1-Link„geliket" – vielleicht stiess er auf ihn über den Link zur ILA 2016.

....Bei Putin könnten ja die Antonovs LS1 einbauen – überhaupt ist derjenige, der ein komplettes LS1-Packet anbietet – also den Spezialsitz mit den eingebauten Dingen – vielleicht ganz gut aufgestellt für den Flugzeugmarkt. Hier könnte er auch Patente entwickeln, unter der Gefahr, dass die Grossen das einfach selber machen. Prinzipiell ist ein LS1-Flugzeug anders zu bauen als ein Flugzeug ohne LS1 (man muss neue Testreihen im Windkanal durchführen, du musst ja wissen, welche Türen kannst du bei welcher Geschwindigkeit öffnen, welche nicht, oder welche, damit es das Flugzeug möglichst schnell zerreist, möglichst viele möglichst schnell herausbefördert (Absoluter Notzutand: LS1 ist extrem, das wäre LS1 extremst). Das Flugzeug braucht eine bessere Gleitfähigkeit für den safety gliding flight, ausserdem sollen die Abspringenden und Herausgerissen nicht mit Turbinen und Flügeln kollidieren, im LS1-Mode/Gliding flight werden die Turbinen ausgeschaltet. Flugzeuge, deren Rumpf ein einziger Flügel ist, ähnlich wie Stealth-Bomber - Prototypen werden an der ILA gezeigt -, sind wahrscheinlich gleitfähiger. Ausser dem Technischen und Materiellen gehört zum LS1-Packet ein LS1-Kurs für die Menschen/Passagiere. Bei Privat- und Regierungsflugzeugen nicht unbedingt, bei Flugzeugen über 100 Passagiere unbedingt. Auch hier sind neue Tests notwendig, usw -. Idealere LS1-Flugzeuge als die jetzigen Standardpassagierflugzeuge sind somit stealth-förmig, weil dadurch gleitflugfähiger, sicherer, LS1-kompatibler.

30.05.2016 "In eigener Sache" wurde ans Ende verschoben. Davor steht Wichtigeres.

28.05.2016. Betrifft: LS1: The rescue-sender in the LS1-safety-shell is an avy, like a avalanche transceiver, it starts emitting//a signal// by uncoupling the LS1-safety-shell from the chair. Der Sender im LS1-Panzer funktioniert wie ein Lawinen-Rettungs-Sender, sein Signal wird automatisch beim Entkoppeln des LS1-

Schildes vom Sitz, also beim Aufstehen mit dem Schild am Rücken, ausgelöst. Auch muss getestet werden, wie der ERS (engl. IEP) in den LS1-Panzer einzubauen ist, wie er am einfachsten sich öffnet, ob durch eine Leine, einen Druckknopf, die//der// die Schutzklappe des LS1-Schildes mit dem Fallschirm aufreisst///oder per Handdruck auf den harten Deckel wie eine Klappe ausrastet// - so dass die Passagiere erst während des Falles diesen Knopf//diese Klappe drücken///diese Leine ziehen sollten - nicht im Flugzeug. Die Gefährdeten gefährdeten sich sonst zusätzlich. Am einfachsten und sichersten wäre, der Rettungsfallschirm im Safety-Panzer auf dem Rücken des Passagiers öffnet sich während des Falles von selbst - die Passagiere müssten sich nur auf die Position im Fall konzentrieren, keinen Auslöser betätigen..ihr Fall wäre der Auslöser. Sonst müsste das im LS1-Kurs gelernt werden, unbedingt darauf zu achten, in der LS1-Situation die Leine während des Falls, keinesfalls schon im Flugzeug zu ziehen, im Ernstfall muss das die LS1-geschulte Crew und hilfsbereite Nachbarn den Pasagieren in Erinnerung rufen. The easiest way to open the IEP in the LS1-safety-shell would be an automatic opening during the fall - so the LS1-instructed crew (with cooperative passengers) hat not to remind the passangers - as they learned in the LS1-course -, not yet to draw the cord/press the button/// in the airplane// /(LS1-Blog ging getwittert an: 2 x @airbus, 2 x @boeing; 1 x @BBD_Aircraft (Bombardier); 1 x @verge (the future of technology); 1 x @ILA_Berlin; 1 x @NYCAviation).

-

The Airplane with LS1 (Life Safety One-System)

-

You need LS1-planes for LS1, not standard planes.

-

23.05.2016: see below: notes to the **construction** of **LS1-planes** and **LS-1-courses**

-

...the LS1-situation is the we-gave-up-the-plane-but-not-our-lives-situation.....

-

.....you stand up, one part of the chair, of the backrest of your seat, is now your LS1-safety-shell on your back....and because you had finished a LS1-course, you know exactly what to do////how to behave//whom to follow/ in the LS1-situation.........

-

There is an optimum size for LS1-planes (time for the complete bail out of the passangers in a LS1-situation) under optimal LS1-behaving-conditions (no panic, controlled and guided behavior)

-

14.05.2015: Nachtrag zu Flugzeuge mit LS-1: Boeing 747, Japan Airlines, 1985: 520 people killed (death record). This flight would have had a better end with Live Safety One on board. Anno 1985 : Japan-Airlines Flug 123, Absturz Boeing 747 mit 520 Toten, 4 Überlebenden (höchste Opferzahl eines Absturzes bislang): LS-1 hätte Leben retten können. Das Heck war aufgerissen, das Flupgzeug strudelte unkontrolliert, der Sinkflug wurde bei 2100 m für einen letzten Steigungsversuch unterbrochen. About 2 Miles above sea level they tried a last climb - the behavior with LS1 on board would have been completely different - they stayed on safety altitude, changed to safety gliding flight - passangers with their LS1-shells on their backs were leaving. Mit LS-1 wäre das nicht passiert, LS-1 hätte ein anderes Flugverhalten evoziert, die Piloten hätten die safety altitude anvisiert, sie wären auf 2100m Höhe geblieben, hätten auf "gliding flight" umgeschalten, Crew und Passagiere hätten sich für den Absprung vorbereitet. Bei 2100 m und tiefer wären Passagiere abgesprungen. Deutlich mehr als 4 Personen hätten den Absturz überlebt.

-

Each building has an earthwire - the probability of a lightning stroke is 1 to 6 Billion. Each plane should have a LS1 System - the probability of a crash is 1 to 6 Billion.

-

LS1-construction: LS1-planes/aircrafts are differently constructed than planes without protected mode, without LS1 (because of the different gliding options, different dynamical situations with open doors, windows, to testify - to test : what is the optimum /the maximum speed of airplane/of air, of height/of cold - what the border area??/////: which doors/windows are to open first in which speed???- which situation (power of air etc.) could lead to a controlled blow up /destroying of the airplane - so that people with their safety-shell on the back were/ are ripped out

-

Notes to the LS1-course: in 3 Parts. Part A (Action): Firstly, you are learning basics on parachutes, etc., including jumping, doing a correct parachute-landing (little indoor jump)///Secondly: with sound/noise/wind machine you could simulate an LS-1-situation, when doors/windows are open during safety gliding flight, with smoke, no sight, everybody is blind, etc.etc. Part B (Plan B): Explaining the LSA-Modes/techniques/ of the plane, of the crew, the pilots, the different options - who is initialising LS1-Alarm (first: the pilots, second: the rest of the crew))-, the special construction of the plane and its relation to air stream physics/which doors/windows are first to open in the LS1-Situation, which not etc.. Part C (Conducting): you are learning to handel , practical handling of your safety-chair, for overweight persons, they are fastening/fixing two safety-shells, parents with their child stay together, fixing the child within the own fixation, next step: some rules of behavorial and other psychology, what panic and stress are, how to deal, to handle with panic situation, the manner, the use and advantage of *cooperative action*, (in LS1: you have to help to the person in front of you and besides) how to be calm, reasonabel - in a very stressfull situation, you have to listen to, what pilot/crew are commanding, you have to wait and to know, your way out. In general the LS1-course is usefully adapted to the LS1-Situation, but also a good lesson for the whole life.

-

21.05.2016 Anlässlich des Absturzes von MS 804 über dem Mittelmeer - ohne Überlebende: an Bord 1 Baby, Franzosen, Ägypter, 1 Kanadier, 1 Portugiese, usw.. wurde der LS-1 Blog an den Anfang verschoben. Due to the crash/explosion of MS 804 we put this text to the beginning. Interessanterweise haben die angetwitterten #Airbus und #Boeing den Blog besucht. Airbus and Boeing you are welcome....Wir hoffen, dass eines baldigen Tages Flugzeuge mit LS1 Standard geworden sind wie Häuser mit Blitzableitern (obwohl die Wahrscheinlichkeit eines Blitzeinschlags bei 1:6 Millionen liegt.)

-

21.05.2016: Aktuell wird verbreitet, von MS 804 wäre vor dem Absturz Rauch im Cockpit gemeldet worden. Also ein klassischer Fall für LS-1. Smoke and fire in the plane: would be a classical LS-1 case. Das Flugzeug wäre auf safety altitude, auf gliding-flight übergegangen, ohne Zutat der Piloten.Doch ich zweifle an dieser These, zweifel aber nicht daran, dass gewisse Sicherheitskräfte es lieber sähen, dass das Flugzeug "offiziell" technischem Versagen statt einem Terroranschlag zum Opfer gefallen ist und Indizien gerne in diese Richtung deuten. Zweifle erstens, weil andere Meldungen verlauten, das Flugzeug sei plötzlich vom Radar verschwunden - Hinweis auf eine Explosion, sonst lässt sich ein Flugzeug, auch wenn es trudelt und schnell absinkt, auf dem Radar weiterverfolgen, zweitens, die Piloten hätten Zeit gehabt, eine Meldung abzusetzen meinen Experten gefragt von n-tv und phoenix. Ob zwei Bomben an Bord waren, eine nicht richtig funktionierte, ob die Bombe Feuer auslöste, bevor das Flugzeug in Stücke gerissen wurde. Das alles wissen wir nicht. vielleicht nie. Beim Fall des "blossen" Brandes an Bord, bestünde in einem Flugzeug mit LS-1 an Bord eine viel grössere Überlebenschance als in einem ohne, das steht fest.

----

2. Neuer Typ Flugzeug//A new type of Safety-airplane

------Even luxury in the First is not more than *live* as the first luxury-----.

---LS1-Flugzeuge verzichten gern auf Luxus - haben sie LS-1 an Bord: besseren Luxus gibt es nicht-----

--------"ich steig nur in Flugzeuge mit LS-1 an Bord"------

----I don t fly with aircrafts without LS-1-----

---What "protected mode" is for Windows, is LS-1 for lives in planes---

--LS-1 could prevent a further 9/11 and the loss of people like them of MH-370 and QZ-8501----

"Bei Terror löst sich das Flugzeug einfach auf, die Leute springen davon...."

With //terror or heavy fire //on board/// the plane changes// in LS-1 mode and folk//s jump/s away...

LS-1 is a philosophy, a different way to construct aircrafts, to fly, to think, to react, to interact, not only a supplementary installation. The "god" of LS1 wants, that you take things from his "hand" more in your hand, that you pursue the long way taken, the long emancipation road of man- and womanhood from less fatalism to more self-decision in//of your life.

17.04.2015: Nachttrag zu Flugzeugen mit LS-1 (3.): Neue Skizze IEP (Inlay Emergency Parachute//ERS)

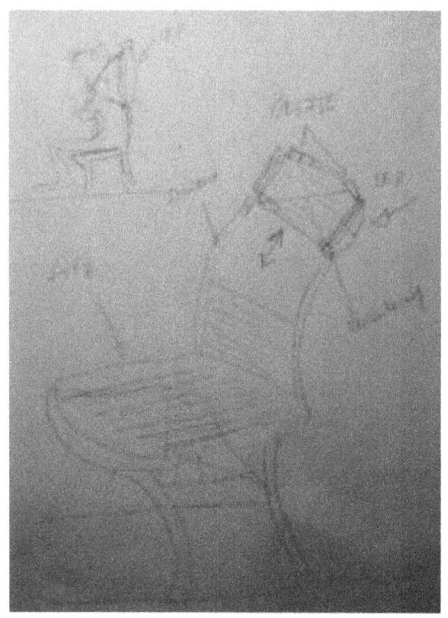

Der Eingebaute Rettungsschirm (ERS) liegt in seinem Rettungskissen eingeschient und versiegelt im Rücken des Passagiers. Im Notfall wird die Siegelleiste im Oberrand des Stuhls entfernt, werden die zwei Griffe gefasst, daran gezogen und kreuzweise über die Brust gezogen und eingehakt. Beim Aufstehen fährt der ERS am Rücken aus den Schienen des Sitzes. Mit eingebaut links und rechts im Polster, unter Verschluss, ist die Rettungsfolie (hier nicht skizziert; in Wirklichkeit ist die Lehne nicht so gebogen; der obere Teil der Lehne mit dem entkoppelbaren ERS-Panzer wiegt nicht einmal 1,5 kg, beinhaltend Rettungsfallschirm, Rettungssender, Überlebensfolie mit schwimmbarem Material, schwimmbare Polsterung nicht hinzugerechnet. Der Rettungssender funktioniert ähnlich wie der Lawinenrettungssender, aktiviert wird er mit der

Entkopplung des ERS-Schildes vom Sitz, er ermöglicht Rettungskräften das gute und schnelle Finden und Sammeln der abgesprungenen und/oder herausgerissenen Passagiere).

-

LS-1 ist radikale Vollautomatik (bei Feuer & Terror/Hijacking-Option) - zugleich braucht jedes Flugzeug eine radikale manuelle Lösung - für die Pilotin, den Piloten ein Computer-Exit, falls der Bordcomputer fehlsteuert (wie über Bilbao in einer A-321, deren Kapitän nur zum Glück über die Erfahrung verfügte, den Bordcomputer auszuschalten, Leben und Flugzeug zu retten.

2 - Sullenberges Gleitflug und Wasserlandung mit seiner A-320 auf dem Hudson. LS-1 Mode bedeutet für Flugzeugbau: Segelfähigkeit des Flugzeugs verbessern - Kerosin raus, eventuell Turbinen wegsprengen//entkoppeln - sie so bauen, dass sie Leuten beim Rausspringen und Herausgerissenwerden nicht in die Quere kommen können - geht bei ausgeschalteten/defekten Turbinen das Flugzeug nicht in den "Rettungs-Sinkflug".//

The empty aircraft with LS-1/mode 2 continues to fly..... on/from/in... safety altitude to a predetermined destination for emergency landing, or safety gliding flight - or could be shooted off -, after people have left the aircraft.

-------Live Safety One (LS-1) ------------

Abstract: Live Safety One (LS-1) is a new type of safety-aircraft - in-and out-side - its philosophy is: Live Safety First.

I. In the inlays of the passenger seats there are, as elements of the seats, "inlay emergency parachutes", we call it IEPs -. (for example: Skytex: 1,2 kg/2,8 lb (only!) for a person with max. 135 kg/300 lb), //you dress the IEP with straps left and right, crosswise (hidden, part of the seat; seat-inlays), combined with a thermal blanket (against cold, heat chock and humidity) (one part of it is allready installed in the back of the seat, as inlays left and right). You fasten the unsealed straps of the IEP of your chair like a safety bar, rollover bar (you catch//take them, left and right, crosswise) this inlay part of the seat is like your turtle shell - you get fixed //you are fixing yourself//to your "turtle shell" - which is floatable. Also the thermal blanket is part of the seat - of the "shell" of the seat - so **you stand up, one part of the chair, of the backrest of your seat, is now your LS1-Safety-shell on your back.** /////Inlay and top of the chair is//are the IEP with a lifejacket (thin blanket) and a swimming turtle shell (at least a swimming pillow).

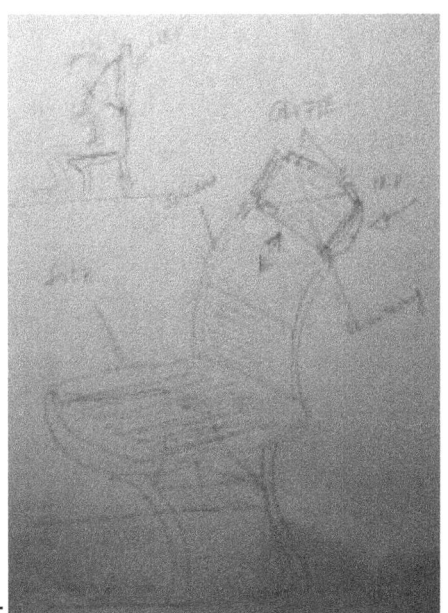
Skizzenbuch---

II. The plane//////LS-1-construction :::::The capability of the gliding flight of the plane has to be improved (? - compare Sullenberger´s gliding//flight// with a A-320, but he didnt face strong turbulences), eventually the wings of "little" big aircrafts are a little bit longer and to broaden, the emergency doors in the LS-1-mode can be opened even during the crash-/accident-flight//..additionally there are emergency safety windows (allover or bigger than the others); the airplane in LS-1-mode changes to safety-altitude, turbines on, or, if off, to final safety-gliding flight.

III. ///Even in case of hijacking (or heavy fire/smoke) pilots (or cabin staff) can initialize LS1-mode. Then automatically the plane///will pass over in a low level flight, from cruising altitude to *safety altitude* (one mile/1600 müM) (other option: final safety-gliding-flight (if jet engines off) and the bord computer overtakes **completely and not stoppable**: alarm stage 1: every light is blinking - cockpit had to gave up the plane and the safety of the people in their one hands. Hijacker dont have control over airplane, flight and people in this "final chaos". Reaching safety altitude: The emergency doors and windows can be opened people with their "live safety shells" are able to leave, are leaving, jumping and due to the power of the air, was//were //being//?///ripped out with their IEPs./which are opening manually *and* in consequence of a certain rate of fall or air pressure automatically (if conscious lost) (such parachutes exist allready).

IV. Live Safety-Course: For this generation/type of aircraft needed is a live safety course for flying: **A)** 1. in paragliding//(you learn the essentials of the essentials like: posture of legs during landing (with or without a "little" indoor-jump)) 2. How to open the sealed IEP-straps and to fix them (for ex: by means of the passenger behind you, hes tearing away the sealed safety catch//and so on) 3. How to envelop yourself in the inlay blanket 4. How to decouple the IEP after the landing in water 5. How long the emergency sender in the "safety pillow//shell on the back" is working, etc.etc. (special training for the Crew for LS-1-situation) : **B)** The opening of emergency doors & windows, how the plane is working// when LS-1-mode will be initialized: **C)** About social behavior in panic (how to react and act cooperatively and fast in panic. What the main rules are. Rule One: more discipline, less panic, the more can be saved. Pilots or cabin staff are initializing and **guiding**

the LS-1-situation// Other options are to be discussed/tested//Further explanations in German////

Nachtrag zu 2. 1 - Schwimmweste unterm Sitz umständlich u zeitraubend// besser, der mobile Sitzteil, der ERS-Panzer, selber schwimmt (Kunststoff - the IEP-shell is swimming, replaces the PFD) und jeder Sitz verfügt über eine direkt eingebaute Überlebensfolie (Anti-Schock gegen Hitze, Kälte, Nässe), um sie sich umzuwickeln: links wie rechts Verschlüsse im Sitzpolster wegreissen, beide Teile der Folie herauswickeln, einwickeln, auch Kapuze, ebenso eingebaut ist der Rettungssender. Als Fixierung und Verschluss der Überlebensfolie fungierendie kreuzweise festgezogenen und eingehakten ERS-Gurte . Und selbst wenn in Panik die Überlebensfolie auszupacken und in sie einzuwickeln vergessen wird, sie fliegt mit .///

09.04.2015 zu 3: 3.III. *Nachträge* zu LS-1

-Das Deutsche Luftverkehrsgesetz schreibt für alle Fluggeräte, die 50m Fallhöhe übersteigen, Fallschirme/Rettungsfallschirme, vor. Einige können sogar schon aus 50 m Höhe Leben retten. Für ein - und zweimotorige Flugzeuge gilt dieses Gesetz. Entsprechend der Weiterentwicklung von Falschirmtechnologie und Standards für Sicherheit, wie sie das LS-1-System darstellt, sollte dieses Gesetz auf alle Flugzeuge ausgedehnt werden, unabhängig vom Typ oder von der Grösse des Flugzeugs.

-Das derzeitig leichteste zugelassene Rettungsfallschirm wiegt knapp 1 kg, ((0,975 kg)), produziert von einer deutschen Firma namens "independence" (...)) - die Möglichkeiten des Fliegens, Bereitschaft und Fähigkeiten dazu, haben sich ausserdem in den letzten 30 Jahren stark verändert. Mehr denn je machen neue Leicht- und Gleitfluggeräte aus Menschen kleine Vögel: Den vorgeschriebenen Live-Safety-Kurs, mit den Punkten A (Crashkurs Fallschirmspringen), B und C - ein wichtiger Bestandteil des LS-1-Systems - absolvierten Passagiere, zu ihrer und der Sicherheit aller, wie Autofahrende den Erste-Hilfe-Kurs.

Beispiel einer praktischen Umsetzung des LS-1-Kurses: Absolventen des Kurses, SchülerInnen, erhalten eine LS-1-Chipkarte bzw. einen LS-1-Schein. Sofern Erste Hilfe angeboten, gilt sie auch für den Erwerb z.B. des Führerscheins, liegen nicht mehr als 2 Jahre dazwischen. Der LS-1-Kurs wäre gesetzlich vorgeschrieben und ab dem Alter von 10 Jahren absolvierbar -------- Der Fallschirmspringerteil könnte in Turnhallen stattfinden u.a. für den Indoor-Jump (das sollte infrastrukturell möglich sein, gehen wir davon aus, dass Fliegende die unterste Armutsgrenze überschritten haben und ein gewisses Einkommens- und Zivilisationsniveau repräsentieren), sonst in speziellen Kursräumen mit realistischen Simulationen und Nachbauten (Stuhlreihen, Notfalltüren, Fenster, inmitten der Virtualität von Lärm, Rauch, Wind, Blinklichtern, Befehlen der Crew, etc.). In Europa sollten die Airlines//Flugzeugbauer verpflichtet werden, Flugzeuge für und mit LS-1 zu bauen und, weil LS-1 ein Mehr-Komponenten-System, nicht nur eine Flugzeuginstallation, ist, LS-1-Kurse anzubieten, nach einer globalen Norm, ähnlich der Ersten Hilfe, und mit gemeinschaftlicher bzw. gesamteuropäischer Unterstützung (öffentlicher Mitfinanzierung).

-Der längste Gleitflug eines "antriebslosen" Düsenflugzeuges - eine Airbus A-330 im Jahr 2001 - dauerte 19 Minuten und war 120 km lang.//The longest gliding flight with turbines off lasted 19 minutes for 70 miles. Für viele LS-1-Situationen ist der Gleitflug mit ausgeschalteten Turbinen (weil brennend oder defekt durch Vogelschlag) der "wichtigste" Flug, die Gelegenheit zum Aussteigen. Unter LS-1-Bedingungen, fallen die Turbinen aus, schaltet der Bordcomputer auf "safety gliding flight", aber auch Piloten sind darauf vorzubereiten, fällt der Bordcomputer aus, für LS-1 "gleiten/Gleitflug" zu üben, selbstverständlich gehen sie mit den letzten von Bord (ist LS-1 eingeschaltet, haben sie soviel oder so wenig Zeit wie die anderen, sich zu retten, geht LS-1 nicht, haben sie etwas weniger Zeit, aber immer noch genug, versuchen sie nicht das Flugzeug, ohne Passagiere, not zu landen).

- Normalerweise fliegt das Flugzeug in einem Hybridzustand zwischen den Extremen der digitalen Vollsteuerung (protected mode) durch den Bordcomputer und der manuellen Vollsteuerung durch den Piloten.

Most important in LS-1-mode is the *gliding flight* with turbines off (because exploded, bird strike - "Sullenberger situation")), under this conditions the airborne computer switches in "safety gliding flight", but pilots have to be prepared for it (for ex. in case of blackout of computer and turbines) have to practice gliding/gliding flight as part of their LS-1-training, so passangers will have time to bail out with their IEPs, after them the pilots, if they dont try the landing.

Technik: Bordcomputer und Fernsteuerungen können Passagierflugzeuge im Prinzip vollständig. d.h. inklusive Start und Landung, fliegen. In Flugzeugen mit LS1 entscheiden Piloten (fallen diese aus, die Kabinen Crew), ob der Bordcomputer übernimmt, bzw. LS-1 ausgelöst wird. Bei LS-1 (funktioniert der Bordcomputer) fliegt das Flugzeug einen autonomen, vorgesteuerten Kurs, der, eventuell, vor Abflug programmiert werden kann (z.B. LS-1-Notkurs Richtung Nord- oder Südpool, Rückkehr zum Startflughafen). Die Cockpittüre muss nicht gepanzert, aber so unüberwindbar sein, dass Piloten genug Zeit haben, das Flugzeug in den LS-1-mode zu bringen. Entführer wissen, dass bei LS-1 der Kurs des Flugzeuges nicht beeinflusst, dessen Landung zum Beispiel, im Startflughafen, nicht verhindert werden kann, ausserdem, dass bei LS-1 - das Flugzeug bringt sich auf "safety altitude" - die Passagiere tendenziell ausser Kontrolle geraten, gerade dann, wenn sie "nichts" zu verlieren haben, einige Passagiere die ERS-Versiegelungen an ihren Sitzen öffnen, andere eine erste Türe aufgerissen haben: gerade dieses aktive Chaos im Flugzeug bildet den heilsamen "LS-1-Widerstand" gegen Terror (wir denken an United Airlines Flug 93 vom 11.9.2001, wo mutige verzweifelte Passagiere sich dem Terror widersetzten, nicht auszudenken mit welchem Endergebnis, hätten die Piloten LS-1 auslösen können).
Denkbar wäre ein LS-1-Modus im Flugzeug, der vom Boden aus ausgelöst werden kann (diskutiert wird auch eine komplette Bodensteuerung wie bei Drohnen, doch scheint (mir) die Auslösungsvariante eines bereits an

Bord befindlichen "LS-1-Programms" vor Manipulation, gar Digital-Hijacking des Flugzeuges oder Hijacking second order, sicherer, weniger manipulierbar zu sein) oder von einem Abfangjäger, zB. fällt der Flugüberwachung, egal, ob der zivilen oder der militärischen, eine relevante Abweichung auf.

[15.04.2015: Aktuelle Meldung von der DFS: Projekt "Sofia" wird fortgesetzt]. Hijacking lohnte sich nicht, terroristische Flüge auf Wolkenkratzer oder AKWs fielen weg, was dem Terror übrig bliebe, das wäre der Versuch der totalen Zerstörung "nur" des Flugzeuges [Chaos Computer Club warnt vor einem Zentralcode in falschen Händen, die alle Flugzeuge dieser Airline ? des Landes? abstürzen lassen könnten - allein schon deshalb sollte nach Ausfall der Piloten und der Crew - in dritter Instanz - nur ein Jet in der Nähe dieses Passagierflugzeuges, LS-1 (C) auslösen können, d.h. nicht, aus grosser Ferne einen Absturz, sondern, aus der Nähe, eine vorprogrammierte Route auf "safety altitude" und Landung, mittels eines entsprechend Codes für das betreffende Flugzeug oder, sind die Turbinen ausgefallen, LS-1 (B) für einen Sinkgleitflug ("emergency gliding flight"), den der Jet, sofern einer in der Nähe, überwacht, währenddem die Passagiere aus dieser Todesfalle - mit ihren ERS auf den Rücken - springen. ERS=IEP (inlay emergency parachute)]

- Technisches a pro pos "safety gliding flight" und "safety altitude" (Weitere Testreihen für das LS-1-System): Wie gross, aber nicht grösser, sollten Senk/winkel und Geschwindigkeit des Flugzeuges im LS-1-Modus sein (möglich auch Steigwinkel?), damit abspringende und herausgerissene Passagiere mit Turbinen und Flügeln des Flugzeuges nicht kollidieren? Bzw. welches Winkelspektrum, in welcher Geschwindigkeit, führt zu einer wahrscheinlichen Kollision, welches/r nicht, welcher ist "safe"? Was ist die optimale LS-1-Geschwindigkeit und der optimale LS-1-Neigungswinkel für den "Bail out" der Passagiere? Wo müssen die Flügel bzw. Turbinen und die Notausgänge liegen, damit Passagiere ins Blaue, statt gegen sie stürzen? Auf das Ganze bezogen: Wie sähe die Aussenkonstruktion und Fortbewegung eines "idealen" LS-1-Flugzeuges aus (im protected mode, im LS-1-Gleitflug oder -Leitflug? Wo lägen die Notausgänge (Türen und Fenster)? Wie wären Flügel und Turbinen positioniert? Flügel oben, auf Dachhöhe, statt unten, das höbe die Turbinen über oder in die gleiche Höhe wie die Notausgänge. Gleitete ein 6 flügeliges Passagierflugzeug besser, länger, stabiler als ein konventionelles mit 4 Flügeln?: auch das dürfte eine Testreihe, Testkonstruktion wert sein, neben dem Austesten der LS-1- Aerodynamik innerhalb des Flugzeuges durch Öffnen von Türen und Fenstern. Zusammengefasst beschäftigen wir uns für LS-1 mit Fragen der Konstruktion, der Fortbewegung, der Aerodynamik und der Steuertechnologie des Passagierflugzeugs.

-Nebenbei: Vielleicht allgemein sollten Piloten und Crew - zumindest auf Grundkursniveau - in Selbstverteidigung ausgebildet sein (Fixieren; Infight, etc.)- um mit Aggressoren//Aggressiven souveräner, deeskalierender und für die allgemeine Sicherheit noch förderlicher, umgehen zu können. Sie strahlten mehr Sicherheit aus, fühlten sich wohler, weil sie wüssten, wie mit solchen

Situationen umzugehen ist, und nicht dastehen müssten wie der Esel vor dem Berge.

.---**Postscript**: 24.03.2015 : anlässlich des Absturzes der German Wings A-320 in Frankreich ohne Überlebende (150), wurde Punkt 3 [jetzt wieder 3.II] an den Anfang verschoben. Bei Punkt 3 geht es darum, Flugzeuge sicherer zu machen, vor allem: Leben zu retten, wäre es in diesem Fall auch "nur" 1 (...) In der letzten halben Minute hätten Passagiere von Flug 9525 im LS-1-Modus des Flugzeuges, mit ihren kleinen ERS-Panzern auf dem Rücken, abspringen oder sich hinaus reissen lassen können. Hätte, wegen unzugänglichem Cockpit, LS-1 von der Crew ausgelöst werden können. Die verschlossene Cockpit-Türe sollte einschlagbar, aber nicht leicht und schnell zu öffnen, sein. 149 Menschen wären so dem Wahn und Willen eines Menschen nicht vollständig ausgesetzt gewesen - vielleicht drei, vier hätten es heil hinaus- und hinunter geschafft: das ist die Philosophie von LS-1: im Notfall, strukturell eingebaut, ein Verantwortungsrollback - an Stelle der Lähmung und Steuerungsunfähigkeit, die Steigerung der Selbsverantwortungsfähigkeit auszulösen, zu ermöglichen.

In a terminal emergency-case like the last 2, 3 minutes or 20, 30 seconds of Flight 4U9525 also the crew should have the possibility, to intialise from outside the cockpit LS-1, doors and windows can be opened, folks jumps or will be ripped out with their IEP s, in 2000 m. ü. M //around 1 mile over sea////they dont need oxygene masks, perhaps the aircraft needs a more glidinglike, stable, LS1-compatible construction, may be a clever system, which doors/windows to open, which not, for stabilizing the power of the air and the airplane (and not beeing threatened by the turbines, if they are not off at least during safety-gliding-flight) But: even if the plane smashes to some big pieces due to the strong streams of the air (air comming in with 450 miles/hour/700 km/h and more), that would be less harmful, surely not more, than total impact - so what is to do, inside technically, outside under which physical circumstances (with 450 miles an hour: what parameters (heigh/cold/speed) are possible/not deadly? all such things are to be tested, reconstructed constructed), for oppening// to open doors (which first? fuselage? front? both together?) and windows of the plane in a final LS-1 situation (people prepared for it)?

Zielvorgabe: Höchste Priorität ist Lebenswahrung und -rettung ////Vermischte Notizen - zum Teil aus der ersten Entwicklungsphase/////

Neuigkeiten: In den Passagiersitzen ist ein Nofallschirm und eine Überlebensfolie mit Kapuze, eingebaut (die für kurz vor Feuer, Kälteschock u Feuchtigkeit schützt) - ca. 1, 2 kg. schwer - max. 135 kg Traggewicht (extrem übergewichtige fixieren 2) - dieser Eingebaute Rettungs Schirm (ERS) ist in den Sessel "eingeschweisst" - mit einer Art Bügel - zwei Riemen - von oben - links - rechts über die Schulter ziehen und links - rechts unten einhaken -// /Mit wenig Kraftaufwand kann ein Passagier dieses Safety-Inlay,- er sie oder ein Kind - aus dem Sitzgestell lösen/damit aufstehen und gehen//////löst er//öffnet er die versiegelte Sicherung (nur für absoluten Notfall, wenn die Crew oder der Pilot, das Flugzeug aufgeben, Live-Safety-One auslösen)/////

/// Das Hartkunststoff///Inlay ist wie dein schwimmfähiger///Schildkrötenpanzer und dein persönliches Mini-Floss - mindestens ein Schwimmkissen -, landest du im Wasser//der Notfallschirm braucht bloss one-way-Qualität zu haben - wichtig ist, dass du nicht unter ihm ertrinkst (gelandet, muss er vom Schwimmkissen/Panzer einfach entfernt werden können)////////.

// - Der Passagierstuhl, der Rückenteil, selber ist Teil dieses Saftypackages ////eine innere "Hülle" geht mit dem Passagier - ein äusseres Gestell bleibt übrig. Das Flugzeug: a) das Flugzeug hat bessere Gleitfähigkeit als üblich - die Flügel sind etwas breiter - am Rumpf unten sind "Gleitflächen" - es muss sich bei Defekt /beim Absturz ////etwas länger in der Luft halten///besser aus Strudeln heraus- nicht in den Strömungsabruch hineinkommen können//// - damit die Passagiere Zeit haben abzuspringen - //

Weiterer Testfall: bei LS1 werdem die Turbinen/ ausgeschaltet - geht das Flugzeug im Zustand des "Notgleitflugs" seiner Zerstörung entgegen/// c) Schon beim Absturz, nicht erst im Notgleitflug, können ///ab einer gewissen sog. Sicherheits-Flughöhe// die Türen und Fenster geöffnet werden/////denn///zusätzlich- neben den Not//fall//türen - in regelmässigen Abständen neben kleinen Fenstern etwas grössere Fenster (Safety Fenster) - die im LS1-Modus //geöffnet werden können// /

Für die starken Strömungen im Flugzeug bei der Öffnung von Türen, Fenster, müssen, wie die äusseren, die Strömungsverhältnisse im Inneren des Flugzeuges studiert/optimiert gestaltet werden: ist in Simulationen herauszufinden, wie am schnellsten und sichersten am meisten Menschen das Flugzeug verlassen können- notfalls, wie sich das aufgegebene Flugzeug unter LS-1 am schnellsten in grosse Stücke zerrreissen lässt, so dass die Windkraft am schnellsten möglichst viele Menschen hinausreisst)))

/ Attentate:://///Auch bei Attentaten//Bord-Überfällen/// können die Piloten Life-Safety-One auslösen -//der Bordcomputer übernimmt vollständig und unbeeinflussbar (kann nicht abgeschalten werden) und geht automatisch von der regulären Flughöhe auf die Sicherheits-Flughöhe von LS-1 (die Piloten haben keine Gewalt mehr über das Flugzeug, so auch nicht der Terror: nur im LS-1-Modus, im absoluten Notfall - das gleiche kann geschehen bei Feuer, ist das Flugzeug voller Rauch - auch das wäre eine LS-1 Situation)

/Lafe-Safety-Kurse::::::::://///Life Safety One ist generell nur da für den extremen Notfall - wenn vielleicht das Leben der Menschen im Flugzeug, sicher dieses nicht mehr zu retten: das ist LS1-Modus/ - andererseits: spinnt der Bordcomputer, brennt das Flugzeug, muss die Option seines Abschaltens und der manuellen Steuerung mit in das Gesamtkonzept von LS-1 Trainings einbezogen werden: Sinkgleitflug einleiten, LS-1 auslösen.

Live Safet-1-Kurse für alle Passagiere (ähnlich wie Notfallrettung für Autofahrende) ---

Die Effizienz /von LS-1 steigerte sich ///ist es nicht Grundlage//Voraussetzung/// - besteht eine geschulte///"kooperative Disziplin" unter den Menschen//Passagieren/// und eine ausreichende Instruktion////////Verhalten sie sich in der Panik resilient/klug// kooperativ - trampeln sie sich nicht gegenseitig zu Tode///stürzen nicht alle zum gleichen Ausgang////// zudem bedarf es ein kleines Training//Einführung /Crash Kurs ins Fallschirmspringen//ganz elemetar: Zum Beispiel: die Haltung der Beine bei der Bodenlandung (vielleicht mit kleinem Indoor-Sprung. zum Spass und Abbau des Schreckens....///

///Vielleicht absolvieren in Zukunft Menschen, die fliegen wollen, einen Live-Safety-Kurs (ähnlich wie Autofahrer einen Erste-Hilfe, Deutschschweiz: Notfallkurs)/ und lernen unter "Panikzustand" resilient und schnell handeln//Flugzeugtüren und Fenster öffnen//////Was ist also zu tun///setzen die Turbinen aus, wenn es brennt/extrem wackelt, schüttelt/ungeheure Kräfte am Flugzeug zerren/und Panik im Raume steht wie Feuer, dicker Rauch?)//Das Flugzeug schaltet den LS-1-Modus ein: Was zu tun, wie zu reagieren: das wissen die Leute, sie reissen die Versiegelung (Sicherheitsversiegelung/-verschluss) des ERS im Sitz vor ihnen weg (wie ihr Nachbar hinter ihnen:), sie stehen auf, mit ihrem "Safety-Shell" //wie einen flachen Rucksack/// festgezurrt am Rücken/ - und die ersten stürzen sich so schnell wie möglich - für sich wie für die anderen so schnell wie möglich - aus den nächsten Türen und Fenstern - festgebunden übers Kreuz an ihre kleinen Schildkrötenpanzer im Rücken///

Behörden schreiben Autos und ihren Nutzern diverse Sicherheitsmassnahmen vor, Notfall/Lebensretterkurs, Gurt-Pficht, Airbag-Pficht, Kindersitz-Pflicht, genau das brauchen auch Flugzeuge und ihre Nutzer. Fluggesellschaften und Flugzeugproduzenten müssten verpflichtet werden, in Flugzeugen einen LS1-Standard einzurichten und von den Passagieren einzufordern (IEPs; LS1-Modus; LS1-Kurs; etc.).

/. Resultat: retten wir damit "nur" 1 oder 10 von 100 Menschen - retten wir mit diesem Flugzeugtyp 100% oder 1000 % mehr Leben als mit dem konventionellen Typ.

Zielvorgabe: Höchste Priorität ist Lebenswahrung und -rettung Neuigkeiten: In den Passagiersitzen ist ein Nofallschirm und eine Überlebensfolie eingebaut (die vor Kälteschock u Feuchtigkeit schützt) - ca. 1, 2 kg. schwer - max. 135 kg Traggewicht - dieser Eingebaute Rettungs Schirm (ERS) ist in den Sessel "eingeschweisst" - mit einer Art Bügel - zwei Riemen - von oben - links - rechts über die Schulter ziehen und unten links - rechts einhaken -// /Mit wenig Kraftaufwand kann ein Passagier dieses Safety-Inlay, an das er sich band und in dem er sitzt - er sie oder ein Kind - aus dem Sitzgestell lösen/damit aufstehen und gehen//////löst er//öffnet er die versiegelte Sicherung (nur für den Notfall)//////// Dieses Hartkunststoff///Inlay ist wie dein schwimmfähiger///Schildkrötenpanzer und dein persönliches Mini-Floss - mindestens ein Schwimmkissen -, landest du im Wasser//der Notfallschirm braucht bloss one-way-Qualität zu haben - wichtig ist, dass du nicht unter ihm ertrinkst (gelandet, muss er einfach vom Schwimmkissen/Panzer entfernt werden können)////////. // - Der Passagierstuhl, der Rückenteil, selber ist Teil dieses Saftypackages ////eine innere "Hülle" geht mit dem Passagier - ein äusseres Gestell bleibt übrig. Das Flugzeug: a) das Flugzeug hat bessere Gleitfähigkeit als üblich - die Flügel sind etwas breiter - am Rumpf unten sind "Gleitflächen" - es muss sich bei Defekt /beim Absturz ////etwas länger in der Luft halten///besser aus Strudeln herauskommen können//// - damit die Passagiere Zeit haben abzuspringen - // b) die Turbinen-: //Flügel und Turbinen //müssen vielleicht///höher angemacht werden, damit von ihnen keine Gefahr//Gefährdung ausgeht für die Abspringenden (oder im LS-1 Modus abgekoppelt///abkoppelbar sein) //Weiterer Testfall: bei LS1 werdem die Turbinen//oder die letzte, die noch geht// ausgeschaltet - geht das Flugzeug im Zustand des "Notgleitflugs" seiner Zerstörung entgegen/// c) Schon beim Absturz, nicht erst im Notgleitflug, können ///ab einer gewissen Tiefe// die Türen geöffnet werden/////zusätzlich- neben den Not//fall//türen - gibt es - in regelmässigen Abständen - neben kleinen Fenstern etwas grössere Fenster - die vom Cockpit entriegelt werden - dann ebenfalls////geöffnet werden können// /(Natürlich müssen, wie das Flugzeug im äusseren, die Strömungsverhältnisse im Inneren studiert/optimiert gestaltet werden: ist in solchen Simulationen herauszufinden, wie am schnellsten und sichersten am meisten Menschen das Flugzeug verlassen können))) Typ B: das Flugzeug hat eine Notschaltung, die das Dach enfernt (wegsprengt?) und die Leute herauswindet/herausreisst - sofern diese die Sicherung an ihrem Sessel entsichert, den Notfallbügel übergezogen - es reisst sie mit der "Sitzhülle", dem ERS, davon //Arme zum Schutz über den Kopf - und weg, später Auslösen, Öffnen des Nofallschirms///wird dieser nicht bei einer gewissen Fallgeschwindigkeit selber geöffnet/// Attentate:://///Auch bei Attentaten//Bord-Überfällen/// können die Piloten Life-Safety-One auslösen -//vielleicht übernimmt dann der Bordcomputer vollständig und geht automatisch in Tiefflug (die Käptns haben keine Gewalt mehr über das Flugzeug, so auch nicht der Terror: das ist aber nur im absoluten Notfall - das gleiche kann geschehen, ist das Flugzeug voller Rauch - auch das wäre eine LS-1 Situation) Eine Option ist die Entkopplung der Türen/Fenster -eine andere: die Wegsprengung des Daches -alle Herumstehenden sind dadurch gefährdet///es empfiehlt sich dann auch Terroristen, sind sie nicht auf "erweiterte Selbsttötung "programmiert", ihre Gürtel anzuschnallen, sich in ihre Safety-Zelle zu begeben.... Lafe-Safety-Kurse::::::::://///Life Safety One ist generell nur da für EXTREMSITUATIONEN - wenn das Leben der Menschen im Flugzeug, aber dieses nicht mehr zu retten: das ist LS1-Modus/. Die Effizienz /von LS-1 steigerte sich enorm ///ist es nicht Grundlage//Voraussetzung/// - besteht eine geschulte///"kooperative Disziplin" unter den Menschen und eine ausreichende Instruktion////////Verhalten sie sich in der Panik resilient/klug// kooperativ - trampeln sie sich nicht gegenseitig zu Tode///stürzen nicht alle zum gleichen Ausgang////// zudem bedarf es ein kleines Training//Einführung /Crash Kurs ins Fallschirmspringen//ganz elemetar: Zum Beispiel: die

Haltung der Beine bei der Bodenlandung//////Vielleicht absolvieren dafür in Zukunft Menschen, die fliegen wollen, einen Live-Safety-Kurs (ähnlich wie Autofahrer einen Notfallrettungskurs)/ und lernen unter "Panikzustand" resilient und schnell handeln//Flugzeugtüren und Fenster öffnen//////Was ist also zu tun///wenn es brennt/extrem wackelt, schüttelt/ungeheure Kräfte am Flugzeug zerren/und Panik im Raume steht //oder Feuer, dicker Rauch)///und//Das Flugzeug den LS-1-Modus einschaltet?: Was dann zu tun, wie zu reagieren: das wissen dann die Leute, sie reissen die Versiegelung (Sicherheitsversiegelung/-verschluss) des ERS im Sitz vor ihnen weg (wie ihr Nachbar hinter ihnen: weil sie das besser können), sie stehen auf, mit ihrem "Safety-Shell" //wie einen flachen Rucksack/// festgezurrt am Rücken/ - und die ersten stürzen sich so schnell wie möglich - für sich wie für die anderen so schnell wie möglich - aus den nächsten Türen und Fenstern - festgebunden übers Kreuz an ihre kleinen Schildkrötenpanzer im Rücken////// -Sie hätten keine Zeit mehr, unter dem Sitz eine Schwimmweste hervorzukramen etc. - nein, in ihrem Sitz ist die dünne Notfalldecke, die auch über den Kopf gezogen werden soll, vor Feuer, Feuchtigkeit und Kälte kurzzeitig schützend, bereits eingebaut, links und rechts von ihnen im Rückenteil, mit dem jetzt aufgestanden werden kann: schwimmen kann der obere Sitzdeckelteil, in den der ERS eingeschweisst und eingehängt ist, wie ein Rettungsring, auf dem die Abgesprungene im Wasser liegen kann///ist das Wasser sehr kalt, besteht mit Schwimmkissen wie Schwimmwesten die gleich geringe Überlebenschance, etwa dann, befindet sich gleich ein Schiff in der Nähe der Landungsstelle///. Resultat: retten wir damit "nur" 10 von 100 Menschen - retten wir mit diesem Flugzeugtyp 1000 % mehr Leben als mit dem konventionellen.

II. LS-1 und der Flug Germanwings 4U9525

05.04.2015 - Bis heute hat nicht eine JournalistIn das Material zu dieser Flugzeugentführung einsehen können. Bislang nur Polizei, Dienste, Regierungsmitglieder, Untersuchungsrichter, Staatsanwaltschaften. Was die Medien wiedergeben, ist von zweiter Hand, was von erster, ging davor durch viele Hände. Je nach Behördenvertrauen und Geduld, wird das als "normal" oder als "Missstand" betrachtet, der nach Veränderung, mehr Transparenz und Unabhängigkeit, ruft.

Das digitale Paradox: je mehr digitale Steuerung möglich ist, desto mehr werden computerale Fehlbarkeit und Fremdeinfluss (Hacken; Stromausfall) möglich, desto wichtiger ist und bleibt Plan B, das Abschalten des Bordcomputers und Ersetzen durch das analog-mechanische Funktionieren und manuelle Können des Piloten, der Pilotin. Das betrifft alle sensiblen Systeme in der Gesellschaft, je digitaler sie werden, das System A definieren, desto mehr braucht es für Notfälle und Kriege: als Dauernotfall, den autarken Plan B und den analogen Plan C.

Kein digitales Produkt, ohne analoge Absicherung. Am Thema scheinbar haarscharf, tatsächlich meilenweit vorbei geht das Trendbuch "Analog ist das neue Bio"

(2015). Zum intelligenten Digitalprodukt, als Ausdruck eben dieser Intelligenz, gehört konsequenterweise eine analoge Ersatzstrategie, allenfalls eine manuell-mechanische Notfall-Technologie. Diese Zwei-oder Drei-Weg-Strategie in der digitalen Produktion, sollte für sensible Systeme der Gesellschaft und ihres Staates gesetzlich vorgeschrieben sein. Nach dem Grundsatz: Kein digitales Produkt, ohne analoge Absicherung! So ähnlich wie Spitäler für den Stromausfall, meistens für den kurzfristigen, im Prinzip, aber auch für den langfristigen, vorsorgen, sich absichern, zum Beispiel durch gekühlte Blutreserven und Notstromgeneratoren für die Kühlung, müssen disfunktionale Bordcomputer von Flugzeugen notfalls ausgeschaltet und durch manuelle Fähigkeiten der Piloten ersetzt werden können (was in der Theorie auch vorgesehen, nur, wie kürzlich in einer A-321 gezeigt, konnte der Pilot "zufällig" den Bordcomputer ausschalten) So dass also im digitalen Zeitalter die Entwicklung im "Analogen" nicht stehen bleibt, geschweige, durch dieses ersetzt und eingestellt wird - noch weniger, bloss ein nostalgisches Luxusrefugium namens "Bio", sondern, als "protected mode" der Gesellschaft, lebenswichtig bleibt. LS-1 ist ein Beispiel dafür im sensiblen Bereich der Aviatik zwischen digitalen "protected mode s" (mit aus- oder eingeschalteten Turbinen; Gleitflug oder Leitflug) und manueller Steuerung.

Vorbemerkung

/////Bitte beachten -----Leute, die aktiv am Trauern sind, bezüglich des Crashs von 4 U -9525 - wegen diesem psychisch Kranken (zumal, nach Option 1) -, sollten diesen Blog vielleicht erst zu einem **späteren Zeitpunkt** lesen. Anderen tut er vielleicht **jetzt schon** gut, er versucht, kurz und schonungslos, zu interpretieren und immitieren, was im mutmasslichen Täter vor sich ging (Im übrigen bin ich der Ansicht, dass ein postabrahamisch-kulturanalytischer Ansatz tröstlicher sein kann als ein alt-christlicher Trostansatz, und dass Kategorien wie "Sünde" oder "das Böse" nicht greifen, doch das ist für die einen Geschmacks-, für andere Glaubenssache). Das LS-1-Konzept ist von 2014. Ein Theaterstück ist nicht geplant....Irgendwann wird wohl auch das kommen ("Ich - Mord - Tod") zu diesem oder zu einem religionsideologisch fanatisierten Massenmord-Anschlag....hier die Geschichte der Betroffenen ("Wir - Ich - Leben"), hier die Geschichte der Täter und des Täters ("Wir - Ich - Mord")....: dazwischen eine Mauer, die sie bis zum letzten Akt trennt...Aus den zerfetzten Partikeln wird die neue Mauer errichtet....To be continued, heisst das Ende. Der Vorhang fällt.//////

Flüge MH 370 (Malaysien), FL 380 (Afrika), U 9525 (Europa): Die Technik hielt, aber der Mensch hielt nicht, die Airlines haben auch zu wenig am menschlichen Risiko gearbeitet, zu sehr an Technik und Geld gedacht.

Krankenakten sind trügerisch (30.3. A.L. "geheilte" Suizigefährdung): Als er realisierte, Suizidgefährdung gefährdet seine Pilotenkarriere, erklärte er sich als geheilt. Du kannst in der Therapie alles erzählen, viel verschweigen. Gefährdungen des Gemütes, Veranlagungen und Gefühlseinstellungen messen sich nicht so einfach und klar wie die Körpertemperatur oder die Sehkraft der Augen.

24.03.2015 : anlässlich des Absturzes der German Wings A-320 in Frankreich ohne Überlebende (150), wurde Punkt 3 an den Anfang verschoben. Bei Punkt 3 geht es darum, Flugzeuge sicherer zu machen, vor allem: Leben zu retten, wäre es in diesem Fall auch "nur" 1. In der letzten halben Minute hätten ein paar Leute vom Flug 9525 im LS-1-Modus des Flugzeuges, vielleicht, mit ihren kleinen ERS-Panzern auf dem Rücken, abspringen oder sich hinaus reissen lassen können. Hätte, wegen unzugänglichem Cockpit, LS-1 von der Crew ausgelöst werden können (bzw. sie hätte es einfach getan). Die verschlossene Cockpit-Türe sollte einschlagbar, aber nicht leicht und schnell zu öffnen, sein. 149 Menschen wären so dem Wahn und Willen eines Menschen nicht vollständig ausgesetzt gewesen - vielleicht drei, vier hätten es heil hinaus- und hinunter geschafft: das ist die Philosophie von LS-1: im Notfall, strukturell eingebaut, ein Verantwortungsrollback - an Stelle der Lähmung und Steuerungsunfähigkeit, die Steigerung der Selbsverantwortungsfähigkeit auszulösen, zu ermöglichen.

_____

I. Die Psychooption oder Ferndiagnose: Wie der Bonner Psychologieprofessor Schläpfer bei phoenix TV meinte, zur Depression, - so lautete eine erste Ferndiagnose -, müsste mindestens eine *narzistische Störung* hinzukommen, ich vermute, auch Tranquilizer, Anti-Depressiva im Blut, um eine solche Tat, - schreien hinter dir 149 Leute um ihr Leben -, "cool" auszuführen. Aus dieser Sicht war Lubitz, statt bloss ein rächender Amok-Läufer, vielleicht mehr eine wahnhaft gekränkte, lebensenttäuschte, minderheitskomplexbeladene Frust-Bombe, die ihre schwärende Mediokrität, psychische Defizienz und berufliche Kaltgestelltheit, dazu zählt das Ressentiment der Arroganz und der hohe Selektionsdruck seines Arbeitsumfeldes, nicht allein aushalten konnte - kein dickes Fell? im sozialen Vergleichstress ein Defekt in der inneren Dichtung? - und es anderen - auch den Piloten, der Airline? - heimzahlen wollte. (Aus dieser Sicht hiesse das: Wäre er ein angesehener Pilot gewesen, geworden, wäre er vermutlich nicht so durchgetickt. Angeblich soll er die Airbus A-320 besonders gemocht haben. Machte er sie mit affektiver Besetzung (unter den geliebten Flugzeugen: "Mein Lieblingsflugzeug") zu seinem "Lieblings"sarg? "Beerdigte" er sich in seinem "Lieblingsurlaubsort" ? Zählten Flugzeuge zu seinem Lieblingsspielzeug? Fand er Wunschsarg, Wunschort, Wunschmethode für seinen Selbsttot? War es ihm bewusst? Einst liessen sich Häuptlinge mit ihrem Lieblingspferd beerdigen oder beruhigten diesen "Pharao" - für 8 Minuten Häuptling! Chef! Gott! - die Beunruhigten hinter und unter ihm, die durch ihn und mit ihm eingeschlossen und lebend begraben werden? Für einmal waren alle hinter ihm, einmal war ER allein an der Spitze. (So, Leute, ich mach Feierabend: diese

Cockpittüre wird jetzt abgeschlossen wie euer und mein Leben: Schreit ruhig! - Ich schreie euch die Ruhe entgegen! Schreit und schlagt gegen die Türe: Gleich ist mit einem Schlag Totenstille: erhebt euch: das Grosse steht bevor.. Ich empfinde keine Empathie für sie, ist das dieses Geschrei? bloss Leere und Kälte und ein wenig Angst. Mich bannt und drückt zu schwer: was ich angebahnt, was gleich passieren wird. Und ihr? Ihr kommt mit mir, ja!, das tröstet, das hilft mir...) Oder wurden diese Passagiere durch seinen volldepressiven Tunnelblick völlig ausgeblendet? kaum völlig, wenn die Tat geplant gewesen, was naheliegt, und mit diesem Abgang länger gerungen, statt urplötzlich kurzgeschlossen gehandelt, wurde, worauf zu wenig hinweist, dann mussten sie mindestens nach Pilotenart in Erwägung gezogen worden sein: also relativ unpersönlich. Für Linienpiloten sind Passagiere ein in das Flugzeug ein- und ausströmender Bulk, ein Fluggewicht, höher bei voller, leichter bei nicht voller Besetzung, ein Noise weit hinten... - sie sind nach vorne, auf Flug und Flugzeug, orientiert. Der Wahn ist es ja, dass sie ihm, in einer gewissen Weise, egal gewesen waren und möglicherweise er sich selber: er wollte nur noch weg, tot sein. Bekanntlich reden Suizidale, denen es todernst ist, wenig, sie handeln. Andererseits meinte eine Ex, er hätte den Ehrgeiz geäussert, für die Nachzeit unsterblich, zumal erinnert, zu bleiben. Dann waren ihm die Medien so wenig egal wie die Passagiere, befriedigte ihn vielleicht, sie sadistisch-strafend mitzutöten. Dann wusste er, ich starte jetzt von Barcelona nach Düsseldorf, dazwischen, das wird ein grosser Knall werden, fast so gross wie der in Madrid im März 2004 (islamistischer Bombenanschlag, 191 Tote) - nur habe ich ausserdem keine Nachricht, so wie die Islamisten, an die Welt, bin ich eigentlich nur ein armer Suizidaler, der irgendwie nicht in einer Ecke still verenden und verschwinden, sondern Zerstörung von viel Leben und Leid für andere, nicht einmal das, vor allem aber in meinem Lieblingsflugzeug in meiner Lieblingsgegend sterben will.

Klar, es ist alles unklar: Wir versuchen Partikel und Spuren des mörderischen und selbstmörderischen Wahnsinns sichtbar zu machen wie Protonen und Quarks in dunklen Funkenkammern... (Vgl. "Erweiterter Selbstmord")). Umstände wie die, dass dieser Ehrgeizling im Berufsumfeld permanent "gekränkt" wurde - wie gut kannte er den Piloten? war der herablassend zu ihm? Gab es Grund zur Rache, zu Neid? Wusste er, "der" geht bei Flughöhe raus, auf Toilette, dann Kaffee holen? - und dauernd konfrontiert damit, kein "richtiger" Pilot werden zu dürfen, zu können, zu sein - so eine Pressemeldung, die kaum notiert wurde -, schärften diese Bombe, irgendwann hochzugehen, wohl zusätzlich. Lufthansa/Germanwings, zusammen mit der deutschen, im Grunde, jeder, Piloten-Vereinigung, sollten diese Personalpolitik überdenken. Scheinbar geeignete Co-Piloten, die für den Pilot nicht geeignet erscheinen, es aber gerne wären, diese strukturell schizophrenisierten, gehören nicht in das Cockpit, entweder ganz oder gar nicht, das frustrierte und kränkte auch etliche "normale" Leute, besonders aber kranke. (Damit sind nicht Augenprobleme gemeint...) Normal, meint, jene, die sich in dieser subalternen Chef-Position wohl fühlen, zumal stabil einrichten können.

Um persönliche Befindlichkeiten und Veränderungen mit Selbst- und Fremdgefährdungspotential eventuell abzusehen und auszuschliessen, wäre, ausserdem, alle 2 Jahre, ein "psychologisches Interview" ratsam, wo die Leute offen reden können und werden, weil berufliche Umstände und Optionen eingerichtet wurden, die *nicht* zum Verschweigen und Übergehen der Probleme anleiten. Die das offene Reden über Probleme mit Relevanz für die allgemeine Sicherheit, in der Arbeitswelt des Piloten, der Pilotin, *belohnen*, statt bestrafen. Im Prinzip kann dieser Lubitz- Wahn überall auftreten - ohne hier politische Schwerkriminalität zu thematisieren - , auch bei einem Mitarbeiter eines Kernkraftwerkes, besonders aber in einem krankhaft ehrgeizigen, statusversessenen Milieu, in dem die Arbeit mit affektiv besetzen Dingen wie das Flugzeug quasi bei jedem Flug erneut den Tod, den Todessturz, - nur einen Knopfdruck, einen Defekt entfernt...-, nicht nur den schönen Ausblick, vor Augen hat.

Erinnert sei, dass wir in den letzten 1 1/2 Jahren wahrscheinlich 3 solche Fälle zu beklagen haben (Flug MH 370, FL 380 und A 9525 - aufschlussreich könnte ein Vergleich der Piloten- Profile mit Personal- und Krankenakten sein, muss aber nicht, denn Männer holen sich immer noch seltener als Frauen professionelle Hilfe, ausserdem ist viel verschweigbar), das alles geschah in einem gewalt- und todesbesoffenen Ereignis- und Nachrichten-milieu, das Suizid-Filme wie "The Happening" (2008), Dokus wie "Der Tag Null. Die Welt nach der Apokalypse" massenpsychisch einrieseln lässt und das "Massenselbstmord-Attentat" bei uns zur medialen Dauersendung macht: fast täglich reissen

Einzelne irgendwo in der Welt 100 Menschen mit sich in den Tod (kaum geschrieben, folgt das nächste, das 148-Christliche StudentInnen-Massaker in Kenia), mindestens an kranken Seelen rüttelt und schüttelt das. Senkt das die Hemmschwelle, akkultiviert das das Unfassbare. Subtil, chronisch, unterschwellig, bei jenen mit mehr und besserer Dichtung weniger, bei jenen mit weniger und schlechterer Dichtung mehr. Soviel aus dieser Sicht.

II. Eine andere Sicht wäre die Unfalloption: was ist, wenn Lubitz bewusstlos wurde, statt die Türe zu öffnen, sie aus Versehen schloss? Gegenfrage: Warum sollte er dann in den letzten bewussten Zuckungen den Flug auf "Sinkflug" stellen und den Flug beschleunigen? (angeblich). Wie oft und schnell wird jemand bewusstlos im Cockpit? Aus dieser Sicht hörte er jedenfalls die Schreie nicht. Ausserdem gelten die Unschuldsvermutung (in dubio pro reo) und Optionen wie "Handlung im Affekt", "unter Einfluss von Medikamenten" bzw. "nicht oder beschränkt zurechnungsfähig". Die Verteidigung im Jüngsten Gericht plädierte auf "Nicht ganz zurechnungsfähig", wie bei Selbst-Mord-Attentätern, oder auf "nicht zurechnungsfähig", auf psychisch-mental beeinträchtigt oder bewusstlos.

III. Drittens, die Terroroption. Entweder individueller oder organisierter Djihad. Ein Augenzeuge berichtet, dass französische Militärjets sehr früh über die Absturzstelle geflogen seien. Ausserdem: A) Jederzeit ist der individuelle Djihad möglich: Die Radikalisierung per Internet. Die Ermittlungsthese hiesse: Was wäre wenn....der Co-Pilot zur dritten abrahamischen Religion gefunden hat und religiöse Radikalisierung mit Todessehnsucht kombinierte? Erweiterten Suizid unterm religiösen Deckmantel beging? In seinem Apple fänden sich Abrufe von Websites von Salafisten, statt Sucheinträge für Cockpittüren (eine Meldung, die aus den Medien schnell verschwand: ein deutscher Airbus-Lufthansa-Pilot lernt über Google, dass die Türe seines Cockpits bei "zu" "zu" und einbruchsicher sei? Das ist merkwürdig. Das lässt uns doch ein wenig an der Option 1, an die zu glauben wir uns gerade gewöhnt haben, zweifeln...) So hätte er zuletzt kaum geschwiegen, sondern auf dem Voice-Recorder vernehmlich, mit "Abrahamgott ist gross", Amen gesagt.

B) Andere Terror-Option: der organisierte Djihad: Vor kurzem kündigte der IS Attentate in Europa an. Sehen wir richtig: dann müsste ein IS-Massenmord-Märtyrer nur im richtigen Augenblick, wenn die Cockpittüre aufgeht und nicht richtig geschlossen wird, von der ersten oder zweiten Reihe, durch die Kabine in das Cockpit hechten. Die Türe schliessen, den anderen Piloten ausschalten, das Flugzeug wäre entführt, dann einen Knopf drehen, und der Sinkflug eingeleitet. Das ginge schnell, der Weg zwischen zweitvorderstem Sitz vom Gang zur Cockpittüre ist kaum 2 Meter. Draussen wäre ein lebender, innen ein lebloser Pilot. Wollten Regierung und Dienste diesen Terroranschlag verschweigen - *weil, erst publik, entfaltet der Terror seine Wirkung, darum wäre diese Wirkung zu verhindern, ein Teil der Terrorbekämpfung* -, dann wäre ein Pilot mit schweren persönlichen Problemen die wahrscheinlichste Ersatzlösung. Man würde eine entsprechende Täterkonstruktion initiieren und falsche Spuren legen, zugleich Facebook, Twitter, sollten sich dort Organisationen "bekennen" wollen, kontrollieren und blocken. (Zur Erinnerung: Option, optionalistisch denken, heisst, bloss das Denkbare, nicht das Reale, nicht einmal das Wahrscheinlichste, denken). In Demokratien ist die Bevölkerung der Souverän, sie zahlt und wählt ihre Regierung auch dafür, dass diese ihr die Wahrheit sagt, ja, Rechenschaft ablegt, Nachvollziehbarkeit der Entscheidungen und Absichten derselben offenlegt. In Diktaturen mag das Abnicken von "höheren Entscheidungen" die übliche Gehorsamspraxis sein. Dort mögen zurückgehaltene und gelenkte Informationen generell besser hinpassen, in selbstbewusste resiliente Demokratien passen sie immer weniger.

Die Terror-Option ist für das französische Untersuchungsgericht relevant, das in *alle* Richtungen ermittelt (allenfalls unter Anweisung seitens der Regierung, unter Verschwiegenheitsgebot, mit Maulkorb). Nach der aktuellen - nicht gefilterten? - Faktenlage zum Crash und zur Person, führen Ermittlungen in diese Richtung wohl ins Leere... danach raunte die Verschwörungstheorie weiter, nämlich die, dass die Staaten begonnen haben, uns vor Terror zu schützen, in dem sie ihn möglichst schon medial kassieren, und Medien sich nicht mehr ohne weiteres von ihm instrumentalisieren lassen (das übernehmen sie lieber selber, als es dem Terror zu überlassen) sich nicht mehr so einfach zum Sprachrohr und Verbreitungsmedium dieses auf Medien-Resonanz und -Verbreitung abzielenden und angewiesenen Terrors machen lassen - eines geplanten Inszenierens und Verbreitens von Schreckens-, -Einschüchterungs-, aber auch, vereinzelt, Hochmuts- und Mobilisierungs-Wirkungen unter Millionen von Bewusstseinen (zu Geheimdienstkriminalität (wie der Manipulation im zentralen Bereich der demokratischen Entscheidungs- und Meinungsbildung), und sicherheitspolitischen Alternativen für Europa, siehe andere Blogs).

-

----

1. Eine neue Schiffsart : die Übunte /A new type of ship: the overdowny/////the supra-sub-mariner///the su-su-cruiser////la sotosoppra

Auf die Übunte! On overdownies and safety-airplanes//Über Übunten und Flugzeuge mit LS-1-Modus

Inhalt: 1x Benguela-Strom; 2x Pottwal-Route

Übunten sind Über-Unter-Wasser-Schiffe///Ü-U-Boote oder Schiffe der "Ü-U-Klasse".

the overdowny/overdownies or ships of the sup-sub-marine-class" (overdowny: over the water/down (below) the water)--

Typen: Forschungs-Übunte; Routen-Übunte; Ufer-Übunte; Jacht-Übunte; Kuppel-Übunte; Strom-Übunte

(Meer-Strom-Übunte; Sonnen-Energie-Übunte; Segel-Übunte); Korken-Übunte (als Strom-, Ufer- od. Routen-Übunte) (alle abgebildet); Glocken-Übunte; Arche-Übunte; Tiefsee-Übunte (U-Teil in grosser Tiefe)

research-(ship)-ovedowny; shoreline-overdowny; cruiseline-overdowny; bell-overdowny; dome-overdowny; (sea-)stream-overdowny (solar-energy-overdowny; air-stream-overdowny); cork-overdowny; ark-overdowny; surf-, sail- and- stream-overdowny; yacht-overdowny; deep-sea-overdowny

Übunten gehen mehr in das Meer, mit dem Meer, als über das Meer, gegen das Meer.

Overdownies are going more into the sea, with the sea, than over the sea, against the sea.

Übunten suchen mehr die Langsamkeit als die Geschwindigkeit.

The overdowny represents a new philosophy and type of ship cruising, nature locomotion, slowness, self, time and nature experiencing - "sea safari", sea discovering, sea admiring, sea studying, self-discovering and meditation

"Die Übunte bringt Menschen nicht schnell übers Meer, das macht das Schiff, viel mehr intensiv ins Meer, das macht das Schiff nicht. Ins Meer zurück kannst du mit ihr ein Stück weit, ein Stück mehr. Sie ist kein Instrument für "Mach dir die Erde untertan", eher "Geselle dich deiner Erde zu, achte deine Erde, kenne, hüte, schone, liebe, bewundere deine Ursprungsressource"

Die Übunte ermöglicht ein stückweit besser, dass wir unsere Mitlebewesen, unsere Mitgeschöpfe auf dieser Arche des Kosmos, die uns alle trägt, näher kennen und besser schätzen lernen. Aber auch das Meer, seine Strömungen, seine Winde, seine Sonne, neben seinen Zug-und Regionalfischen, Vögeln, Pflanzen, Böden und Ufern.

--

Nachträge

30.4.2016: -Übunten - Overdownies: Slow down and go back to the sea stream - Zurück in die Meerstrom-Geschwindigkeit, in das Meer, unter das Meer, über das Meer, in die Energie der Sonne, in die Energie des Windes, in die Energie unseres Lebens in der Welt unserer Genesis und der Genesis Änigma.

06.01.2016

Der „Übunten-Teil" wird anlässlich des Eintrags „Genesis und Übunte" (im Blog " Über die Anfänge") hier an den Anfang gezogen, LS1-Flugzeug/Flugsafety-System und S-Auto/S-Mobil-Systeme folgen.

14.04.2016

Die Tiefsee-Übunte hat - ausgehend vom Unterdeck im U-Teil - einen Fahrstuhl. Kann also schnell auf 2 500 m Tiefe runter.

14.04.2016

The deep-see-overdowny has an elevator.

13.04.2016

Über Seiten- und Breiten (Front)-Bewegung von grossen Übunten. Grosse Übunten ab 2000 m Länge und 500 m Breite/Tiefe, - oder macht das nur bei kleinen Übunten Sinn?? - so bauen, dass sie sich in Front- oder in Seiten-Form fortbewegen. Bei einem starken Sturm dreht die Übunte von Frontseitenbewegung in Richtung des Sturmes, in schmalere Seitenfrontbewegung in Richtung des Sturmes, ist damit eine kleinere Angriffsfläche für den Sturm. Bei einem Tsunami ist es vielleicht günstiger, dass die Übunte in Frontseitenfortbewegung in Richtung Welle verbleibt. Technisch eine Herausforderung für die Konstruktion der Meerstromflügel - es sei, die Übunte kann diese ignorieren, überfahren mit einem schnellen Notantrieb durch gespeicherte Solarenergie und/ oder Windenergie - da das Manöver, das Umrudern der Übunte von Frontseiten- zu Seitenfrontbewegung, mit Meerstromkraft viel zu lange dauerte??

05.04.2016

Die Hochsee-Übunte - Typ Pilz (high seas-//oceanic-overdowny, mushroom-type) - hat in ihrer riesigen Fläche immer wieder "Pilze", die den U-Bereich ausmachen, und über Kanäle miteinander verbunden sind. Die erste Etage ist vielleicht nur 3, 4 Meter unter Wasser und angenehm lichtdurchflutet von der Sonne im Ü-Bereich. Du sitzt also mit deinem Lieben dort, irgendwo im Südpazifik, die Übunte stromt im Meerstrom-Modus ruhig dahin, und neugierige Tümler oder Hochsee-Weisschwanzflossen-Haie schauen dir beim Brunchen zu.

04.04.2016

Doppel-Rotoren-Übunte//Typ Tulpen-Übunte (overdowny - tulip type), vgl. Korken-Übunte (overdowny cork-type) - oder Windkraft-Übunte mit Mittel-Segel - mit schwimmender Mast-Verankerung- und Windrädern auf den zwei Dächern, deren Energie aus der Windkraft in die Rotation der Unterwasser-Rotoren transformiert wird. Die Windkraft- Übunte kann sich sich bei Rückenwind mit dem Mittelsegel (und anderen Segeln), bei Gegenwind mit Windrädern und Unterwasserrotoren fortbewegen und steuern.

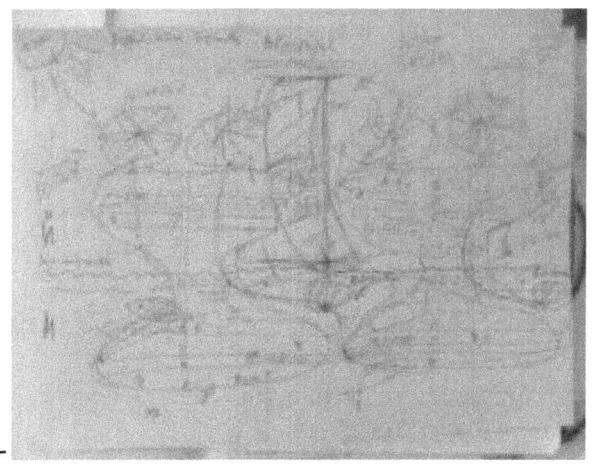

-

-

Die Arche-Übunte hat das geringste an technischem Material und unkomplizierteste von Elektronik, fast nur

Mechanik an Bord, höchste Robustheit und geringst mögliche Abhängigkeit von Ersatzmaterial und Reparaturspezialistentum.

-

Zum genesianischen Sterbe- und Begräbnisritual: Kollektive, für die, die nicht alleine Sterben wollen, und einzelne Zimmer im U-Teil der Übunte, die speziell für Sterbende reserviert sind, Kapseln tief, ruhig, gleich bleibend, dunkel im Wasser - natürlich gibt es auch Sonnedecks an Deck...für die, die in der Sonne sterben wollen... - die Übunte ist in diesem Teil Hospiz-Übunte und Neugeburt-Übunte - für jene, die nur noch Kraft zum Sterben haben, mit ihren Familien, mit ihrer Liebe (und der Betreuung) in diesem Teil sich der Kehre zukehren- So auch für die Familien, den Lieben der Schwangeren, für Geburten, für Gebärende im Wasser, liegt für sie im U-Teil ein Geburtsbadzimmer bereit, aufgewärmtes, gefiltertes, fliessendes Wasser des U-Teils, falls sie in ihm ihr Kind auferstehen lassen möchte. Für Sterbende gilt, will mensch am Ende in die Tiefe gehen, will mensch am Ende alleine sein mit dem Meer: Im Wasser in der Tiefe schwimmend dem Tode zu, der Herkunft auf diesem Planeten und des eigenen Auferstehens zu. Bis ihn die Kehre umkehrt, zurückkehrt. Neben dem Hochseebegräbnis, verurnen Feiernde der Genesis von der Toten, vom Toten ein Stück Erbgut/Knochen - für Fortschritte, fortschrittliche Nutzung dieses Genguts, in unserer, in ihrer Alpha-Phase, für die Omega-Phase. So wird der Leichnam dem Urwasser übergeben - der grösste Teil bleibt im U-Teil, ein anderer Teil bleibt im Ü-Teil.

Übunten sind Tempel der Menschheit

-

03.04.2016

Skizze zur Doppel-Propeller-Übunte: Windräder im Ü-Teil, Propeller im U-Teil der Übunte - statt Segel - oder nur moderat Segel - eine Ü-Windrad-Fortbewegung, mit einer Transmission dieser Windkraft-Energie vom Ü-Teil in die Propeller (Rotoren) des U-Teils, so dass Ü- und U-Propeller der Übunte harmonisiert, dort runter-, hier hoch-geschaltet, auf *eine* Geschwindigkeit sie fortbewegen - bewegen nicht die Unterwasserrotoren allein die Übunte mit der Energie der Windräder ihres Ü-Teils - interessant finde ich, wenn Ü-Rotoren und U-Rotoren harmonisiert die Übunte fortbewegen . Zugleich kann sie diesen Antrieb aussetzen und sich von der Meeresströmung ziehen bzw. schieben lassen, besitzt sie Meerstromflügelanlagen. Sie kann also Wind-, Sonne- und Meerstrom in kinetische Energie umwandeln. Es gibt unterschiedlich schnelle Übunten-Arten, die majestätischste Geschwindkeit der Übunte ist die des Stroms.

03.04.2016

Übunten-Hydraulik: unterschiedliche Typen - hydraulische und starre Übunten. Ufer-Übunten sind eher hydraulische, Hochseeübunten starre, oder Hybride von starren Ü-U-, und hydraulischen Ü-U-Teilen. Besonders ist die Koppel-Übunte, die im Orkan-Fall, den Ü- vom U-Teile trennen kann - der U-Teil stromt, versinkt nicht.

22.03.2016

Die erste Übunte könnte ein Forschungsschiffuboot sein - die Übunte ist ja per se ein Forschungsschiffuboot..., das erste Übuntenforschungsschiff-Uboot baut wer in dieser Welt?

The overdowny is allways a research ship and submarine - a self- and world research ship and submarine...

06.01.2016

Die meisten Übunten-Skizzen von 2015 sind noch zu schiffartig. Ausgenommen bewusst schiffartige Übunten wie die 500 Meter lange Jacht-Übunte „Jacky". Durchaus übuntenartig ist der Nachtrag mit der Solar-Übunte (Solar auf Dach und im Schlepptau). Meerstrom-Übunten stromen (statt: schwimmen). *Über die Grösse von Arche-Übunten* – Arche-Übunten mit mehreren 100meterlangen Meerstromsegeln/Meerstromflügeln (mit Umschaltoptionen auf Solar- oder Windantrieb), sind für robuste Hochseetauglichkeit wahrscheinlich mind. so gross wie Flugzeugträger, eher etliche Male grösser, zu bauen. Die grössten Flugzeugträger sind 340 Meter lang, 60 Meter breit und ca. 40 Meter überm Wasser. Ihr Inhalt ist zum Töten ausgerichtet. Übunten sind viel leichter, aber „länger" und "breiter", ihr Inhalt ist zum Leben ausgerichtet (gewiss, gibt es einen Verteidigungsbedarf, solange das Potential an Idioten, der Neides, der

Missgunst, des Irrsins, des Hasses, der Angst in unserer Lebens- und Sterbensgeschichte, die alles in allem eine grosse Feier des Auferstehens und Überlebens ist, mitspukt...): Sind Übunten 10x leichter als Flugzeugträger, sind sie um einen entsprechenden Faktor länger (und breiter) zu bauen. Zum Beispiel 1000/4000 Meter breitlang// und 1000/2000 Meter „tiefbreit" – denn sie schwimmen (stromen) ja langsam und „quer", nicht schnell und „spitz" wie Flugzeugträger. Daher müssen aus Sicherheitsgründen die grossen, hochseetauglichen Arche-Übunten die Höhe von ca. 30, 40 Meter und ausreichend Stabilität haben, wollen sie gegen Riesenwellen und stärkste (zumal: sehr starke und grossflächig anbrandende) Stürme bestehen (sofern die riesigen Übunten es nicht schafften, sie ganz oder schnell genug zu umgehen). Andere Varianten wie bei sehr starkem Sturm das Entkuppeln in Ü- und U-Teil, die dann für sich schwimmen, siehe unten)

Übunten-Typen

links: Fotos aus dem Notizbuch 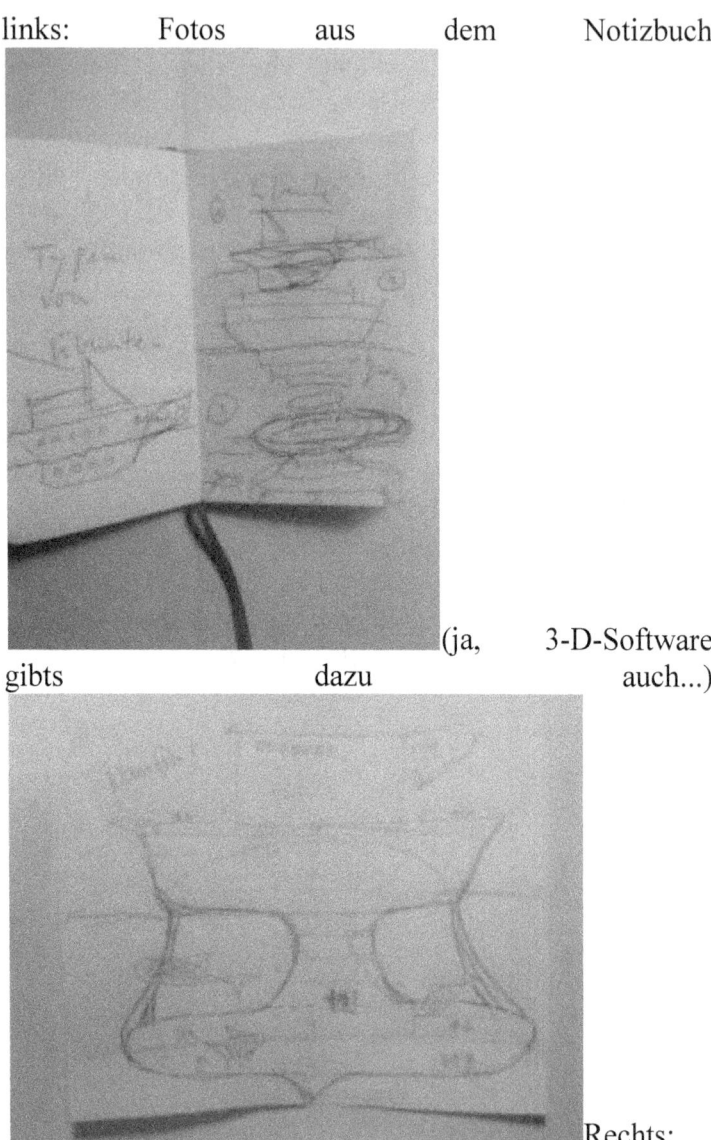 (ja, 3-D-Software gibts dazu auch...) Rechts: Variante von Typ 3 (Doppelstock Übunte Nautilus I)

Übunte Typ 3 verdeutlicht /schafft es skizzenhaft heraus//, die Übunte ermöglicht eine eigenständige Art der Schiffs- und U-Bootsfahrt und Umweltwahrnehmung über und unter Wasser.Übunten flitzen nicht über Wasser, sie stromen in der Topologie und mit der Physik der Meeresströme, brauchen, je nach Typ, aber auch Kenntnisse von Wind- und Wellenkraft, navigieren sie sich, statt mit Meerstromkraft, mit der Kraft von Sonne und Wind, durch die Wasser. Stromübunten sind ////////stromende Selbstversorgungs- und Reise-Schwimm-, Surfer-, Segel-, Tauch- und Forschungsstationen für hunderte, vielleicht einmal tausende von ÜbuntenbewohnerInnen. //auf ihr///erleben//können sie wie auf einer schwimmendenInsel//Sport- und Bildung, Studium, Arbeit, Haushalt und sonstiges Sozialleben zusammen mit Wind, Regen, Sonne und Meer, Über- und Unterwasser. ////////

Vielleicht kombiniert mit dem Typ: "Arche-Übunte", der fischt, Wasser entsalzt, Salate züchtet, Solarenergie bezieht, und nur so viele Bewohnende trägt und fährt, wie er selber versorgen kann. Unter Übunten sind Arche-Übunten die autarksten Selbstversorger.

Allgemein ist die Meerstrom-Übunte, die rund- bis ovalförmige Doppelstock-Übunte mit kilometerlangen Strom-Flügeln, nicht auf Schnelligkeit, auf Gleiten, nicht auf rasche Ortswechsel, auf Lokalität, nicht auf Flitzen und oberflächliches Berauschen, auf Erforschen und intensives Erleben, orientiert. Wichtig für diesen Typ - so wie für andere Übunten die natürliche und teilweise beträchtliche Geschwindigkeit, mit der Fische, Wale in ihren gewohnten Routen durchs Weltmeer ziehen - weit hinter ihrer Geschwindigkeit, eine Strecke weit folgend : es heisst dann: ich buche für zwei Personen die "Pottwal-Route" - ist es, im Meer mitzuströmen, im Meerstrom zu verweilen, zu studieren, zu meditieren, zu surfen, unbeschwert zu stromen im Strom, in dem an sich eigentlich jeder Ort ausgesucht, so wertvoll wie jeder andere, ist, auch dann noch, wenn die Übunte an besonders ausgesuchten Stellen stationiert, wo zum Beispiel regelmässig Tierhochzeiten, Jagdsaisons, Wassertier- und pflanzenfauna in schönen Rifflandschaften, vulkanische Quellen, interessante Strand-Übergänge zu erleben, zu sehen, zu studieren, ja, allgemein besser kennen- und tiefer schätzenzulernen sind - so auch die Verwüstungen und Verschmutzungen in der Meerwelt unmittelbar zur Kenntnis nehmend und noch existentieller, bewusster, überzeugter gegen sie angehend. Mit anderen Worten: Mit der Übunte kommst du nicht so aus dem Meer zurück, wie du ins Meer gegangen bist, bist du nicht mehr derselbe, wie du davor warst, ist deine Welt um ein kleines Stück Leben und Bewusstsein im grossen Strom anders geworden, das ist die Übuntenlesart von Heraklits Sprichwort.

Foto links: Skizze Strom-Übunte// "Meerstrom-Übunte" mit Stromflügeln : Hermes I

Rechts: Korken-Übunte: Hermes II (mit Stromflügeln)

Die Meerstrom-, oder Strom-Übunte soll in Zukunft wie das Segelschiff einer Windströmung, einer Wasserströmung folgen, so gebaut werden, dass sie Meerstromenergie in Bewegung umsetzt. Mit, vielleicht 200m, vielleicht 1000m langen "Stromflügeln", befährt sie einen Strom, angepasst an dessen Geschwindigkeit. Sie schwimmt und taucht zugleich, sie stromt im Golfstrom in Golfstromgeschwindigkeit, entlang einer Strömungsroute oder fährt als Solar-Übunte mit Solarenergie oder als Segel-Übunte mit Windenergie (mit besonderen Segel- oder Windradanlagen), navigiert sie nicht mit kombinierter Fortbewegungsenergie unter Wasser und über das Wasser dieser Erde. Endlich kann es dann heissen: wir buchen eine Übunten-Fahrt "Golf-Strom, Transatlantik", und nächstes Jahr wollen wir unbedingt in den Benguela-Strom - in einer Stromübunte der Westküste Afrikas entlang: slow down, es entschleunigt uns auf die Stromgeschwindigkeit, wir leben mit dem, was uns die Erde an Vorteilhaftem gibt, ohne ihr zu aller Nachteil etwas zu nehmen, und trägt die, trägt der Nichtwohlhabende in der Übunten-Kooperative ihren, seinen Beitrag bei, - vielleicht sollte das auf einer Übunte prinzipiell jeder, jede tun - wird es auch für sie möglich, eine "Auszeit" oder "Inzeit" zu haben für sich, für die Welt und ihre Erschliessung, bei viel Sonne über und Ruhe unter Deck. Zum Beispiel für einen ganzen Strom-Kreislauf wie den Equatorial-, Brazil-, Südatlantik-, Benguela-Strom-Kreislauf - im Atlantik, - über Wasser -, auf den Spuren der Entdecker-Segler der Neuen Welt (Amerigo Vespucci, Columbus, Magellan, Wikinger), im indischen Pazifik auf den Spuren von chinesischen Erkundern und Emigranten, und, - unter Wasser -, auf den Spuren von "Zugfischen" (im Norden eine Strecke inmitten von Heringsschwärmen), im Süden vielleicht von Walen, die Jahr für Jahr ihre Routen durchschwimmen zu einem Paarungstreffpunkt im Nordatlantik, - wenn der Winter naht, überflogen von Zugvögeln -, und garantiert siehst du auf der Tauchfahrt der Übunte unzählige Arten und Schwärme von anderen Fischen, in Ufernähe Meereslandschaften, Riffe und Korallen, untermischt mit Tümlern und Delphinen, mit denen du mitschwimmst und mitsurfst (die riesige Strom- und Segel-Übunte als schwimmende Surferstation). Du siehst sie, sie sehen dich bei deiner *Meer*ditation, um die Meditation im U-Bereich der Übunte so zu bezeichnen.

Ausflugsorte - Tauchorte: Übunten auf der Fahrt und zur Ankerung an ausgesuchte Orte im Meer - zum Beispiel, wie schon erwähnt, fisch- und pflanzenreiche Riffgebiete, spezielle Strandgegenden (Du wartest hier auf die Ereignisse) oder sonst wo in den Meeren, wo sensationelle Tierereignisse, Pflanzenvorkommnisse, Bodenphänomene, stattfinden und vorliegen: denken wir an nordatlantische Waltreffen; an jährliche Hochzeitstreffen gewisser Tierarten; an weibliche und männliche Lachse auf der Rückkehr dorthin, wo sie laichen, besamen und zu Leichen werden; an Schildkröten auf der Rückkehr zu ihren Geburtstätten, auf deren dickem Panzer geschrieben steht: "Auf dass diese Rundreise nie unterbricht!"; an das Vorbeiziehen riesiger Hammerhaischwärme, majestätischer Riesenrochenverbände; an Übunten-Reisen ins australische Barrier Reef, in die Ostsee..., in die Pazifikinselgruppe..... ; in die berühmte Haifischgegend vor dem Kap der Guten Hoffnung oder zu Weisswalkolonien in subarktischen Gewässern. Die

Übunte, dort angekommen, wird mehr schwimmende Hausgemeinschaft als Hotel, Forschungs- und Seminarzentrum , Tarn- und Tauchstation als Schiff sein. Du lebst zwei Wochen, zwei Monate oder Jahre mit ihnen...

Rechts: Skizze eines riesigen ÜU-Cruisers - Routenübunte - "Atlantis 1" - mit Fahrstühlen von Überdeck bis ins tiefste Unterwasserdeck, Ü-Restaurants, aber auch Biologie-Seminarzimmern, Logen und U-Restaurants auf zwei Etagen unter Wasser. Foto links:

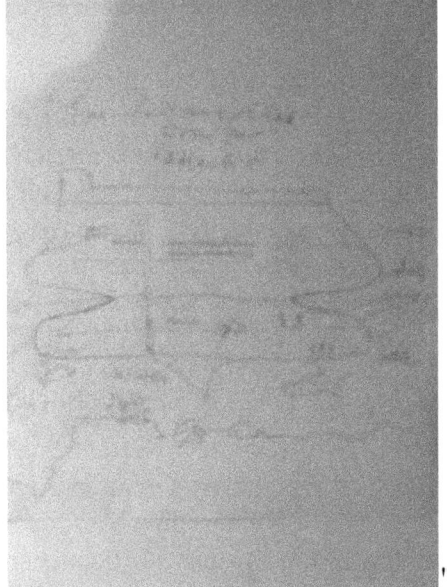

"Kuppel" - Übunte Nautilus II. Spezialität: ohne Hauptzugang - Zugänge zur

101

Unterwasserkuppel sind in die Verbindungsträger

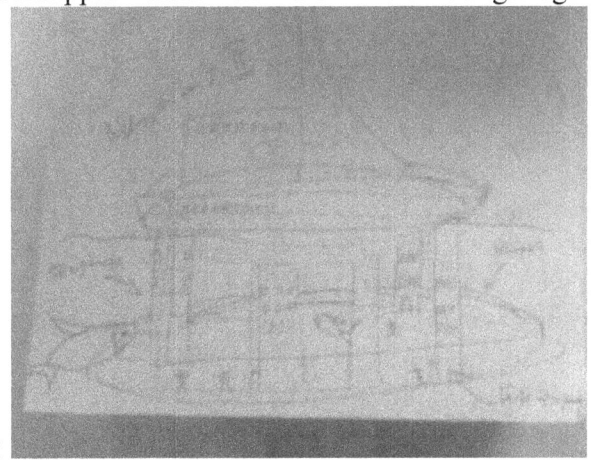

eingebaut

Technisches, Konstruktion: Übunten sind Resultat des Fortschritts wie auch einer fortschrittlichen Synthese desselben auf mehreren Ebenen: technischen wie philosophischen. Du führst das Know-How des Kreuzerschiffbaus mit demjenigen des U-Boot-Schiffbaus zu einer neuen Synthese oder Hybrid- und Eigenform, je nach Typ der Übunte, je nach Art der "Erforschung", der Forschungsübunte - für die Reise, für ihre Fahrt, für ihr Dasein, akkumuliert sich das gesamte wissenschaftliche Wissen über Meer, Meerestiere, -böden, -pflanzen, Zugfische, Zugvögel, Umweltsysteme und - zusammenhänge der letzten 100 Jahre, ähnliches gilt für die Geschichts- und Kulturwissenschaft (Entdeckungs-, Eroberer-, Auswanderer-, Handels-, Technik-, Kriegs-, Abenteuer- und Piratengeschichte.----

Jede, jeder könnte so ihr Reisestudienprogramm, ihre Bildungs- oder Forschungsreise auf einer Übunte finden: für den Überwasserteil, geht es um unsere Geschichte:

"Slavenhandel über den Atlantik im 17. und 18. Jahrhundert", die Übunte fährt eine der historischen Sklavenhandelsstrecken ab bis zu den Festungsmauern und ... des Hafens, der für den Sklavenhandel ausgebaut wurde, für den Unterwasserteil, geht es um unsere Wassertiere: "Nordatlantische Grossfische (Haie)", in der Hoffnung, vom Vortragsraum aus, solche vorbeischwimmen zu sehen. Vielleicht siehst du einen Zwergpottwal, der Zähne, keine Barten, hat und ein wenig wie ein Hai aussieht, doch dass ihn Menschen zu Gesicht bekommen, ist sehr selten, weil er scheu ist. In der ruhig strömenden Übunte, 50, 60, 70 Meter unter Meer, aber, könnte das, könnte noch viel passieren.----

Bauen, Konstruktion: Schiffwerkshallen mit grossem Umschwung ins Meer sind nötig zum Bau einer 5 km breiten Strom-Übunte, 4 km davon sind Strom-Flügel, gesetzt, ein Stromflügel von einer Kork-Übunte misst rund 2 km (im Einsatz vielleicht auf mehreren Tiefen: oder dort vor allem, wo der Strom am stärksten und stetigsten fliesst). Vielleicht ist die Ketten-Übunte, die ihre Flügel, verschachtelt zu einer Halskette, vom Strom ziehen lässt, eine geeignetere Strom-Übunte als die Flügel-Übunte, die Unterwasser links und rechts ihre Strom-Flügel ausbreitet und sich vom Strom schieben lässt. All das gilt es zu errechnen, zu testen - bis endlich in Schiffsbauhallen, die Ü- und U-Teile der Übunte, teils vor Ort gebaut, teils von fern herangebracht, im Trockenen und Wasser zusammengesetzt werden können. Vergleiche als historisches Vorbild den auf hoher See zusammengebauten Schwimmhafen der Alliierten am D-Day, aber klar sind Übunten, von der Konstruktion und Philosophie her, ausgesprochen zivile

Fortbewegungsmittel in internationalen Gewässern, vor allem in Gegenden, die uns allen und niemandem gehören.-------

Physikalisch schwebt und schwimmt die Übunte zwischen Wasserauftriebskraft und Sinkgewicht, zwischen dem Gewicht des Überwasserteils, das auf den Unterwasserteil drückt, und dem Gegendruck auf diesen durch die Auftriebskraft des Wassers. Bereits der Ü-Teil, das Übuntendeck, ist - je nach Übuntentyp - stabiler und schwerer zu bauen als bei konventionellen Schiffen, der Wasserauftrieb drückt gegen den Ü-Teil (und U-), der Wasserdruck gegen den U-Teil, zunehmend mit zunehmender Tiefe. Auch hier beschreitet der Übuntenbau im Vergleich zum konventionellen Schiffbau neue Wege, stellt sich neuen Herausforderungen. Eine besondere ist der Orkan, weniger die Tsunami-Welle, die Normalität, die normale Übuntenfahrt, ist nicht gesichert, ist sie nicht dem Ausnahmezustand, dem Orkan, gewachsen (vielleicht befördern und akzeptieren deswegen, nebenbei bemerkt, Sterbliche, vor allem so schnell und früh Sterbende wie wir, eine Religion als Anker.)-------

In Andacht und Ehrfurcht einen Raum zum Gottesraum, ein Haus zum Gotteshaus zu sakralisieren, Ruhe und Grösse von anderer Art zu inszenieren - wir vermuten dahinter verbirgt sich eine entsprechend benutzte und wach gerufene Rest- oder Fernerinnerung an unseren ersten ältesten Ursprungsraum, Raum unsichtbarer allgegenwärtiger, ruhiger, umfassender, tiefer Mächtigkeit des Wassers, des ersten Weltmeerwassers, in dem Wasser und Stein, Totes und Lebendes, Licht und

Dunkelheit, Wärme und Kälte, sich mengten, schieden und verbanden. Mehr als raumverwandt mit der Frucht(wasser) grotte im Mutterbauch, bewohnt, belebt von uns, bis zum Sturz aus dem Paradies.

Die abrahamische Sage erzählt ihre Version dieser Katastrophe, hochgeladen auf Schuldzuweisungen, die den "Hauptschuldigen" des Ganzen invisibilisiert: dieser Gott schuf aus Lehm seine Kreatur, nicht aus Wasser, nicht aus Staub. Er mischte Staub mit Wasser, Fruchwasser, das aus Wüsten blühende Wiesen macht. Diese Männerphantasie, dieser grosse Lebensdichter, modulierte (mit der Feder) aus Lehm einen Mann als Menschprotoyp, er nahm *den ganzen Geburtsvorgang wörtlich in seine Hände*, und aus dessen Rippe brach er die Frau (im Grunde eine recht genaue, objektive Selbstbeschreibung der Anwendung und Ausbreitung eines "ein"geschlechtlichen und einseitigen Definitions-, Phantasie-, Schrift- und Kreationsmonopols) Kein Wunder, dass 2500 Jahre später, Psychoanalytiker in diesen alten Schriften "Urmutterverdrängung" diagnostizieren (darüber aktive Ächtung und Verdammung: gleichsam eine doppelte Absetzungsbewegung) und eine völlige Umdrehung der tatsächlichen Genese, noch allenfalls in der Feder und Rippe, mit der die Mutter herabgewürdigt///degradiert///wird, eine sado-onanistische Phallussymbolik und Grundeinstellung///Grundeinseitigkeit. In der sogenannten Genesis - geschaffen mit einer derartigen Feder - leben Adam und Eva im Paradies als einer schönen, aber mit Verboten und Verführungen verminten Idylle, die wie programmiert schien, ihnen am Ende die

Unschuld zu nehmen und die Scham zu geben. Es bleibt//dennoch/// erinnert, ersehnt, schmerzlich verloren, wenn nicht merkwürdig idealisiert - denn Tücke und Teufel stecken an diesem Ort im Detail - als zeitloses Paradies *vor* dem verdammten Leben draussen. In unserer Rückübersetzung des Verdrängten verstellt und entstellt diese Darstellung eine heilige, also: intakte, schöne/warme/angenehme Fruchtwasserblase, sozusagen ein heiles Urmutterreich, aus dem ich mich, zum einen, selber stiess - weil enger, zur Hölle werdend -, zum anderen, von dem Mutterleib gestossen, abgestossen, wurde. /////

Otto Rank sprach vom "Trauma der Geburt" (1924/1988)- vielleicht begann dieses Drama etwas davor, kuliminerend, aber auch endend, mit der Geburt - Franz Alexander von "Rückerinnern an die Intrauterinsituation", Rudolf Otto von "numinösen Urgefühlen". An dieser Stelle folgt Rank "Die späteren Vorstellungen religiöser und philosophischer Art von einer Schöpfung der Welt durch den männlichen Gott gehen, ..., nur auf eine Verleugnung der Urmutter hinaus." (133) Wir lesen: "...auf eine Verleugnung der Urfruchtblase, des Urmeeres hinaus..."- das Paradies, der Paradiesraum, wenn auch nur als Spur, als Nebenerwähnung, erscheint nicht ganz verleugnet - immerhin ist es letztlich der wichtigste Raum für die abrahamischen Religionen: alles, was in ihnen geht und steht, führt in ihr Paradies zurück, im Koran teilweise synonym mit dem Abrahamgott selbst ("kehrt zu mir zurück"), teilweise mit einer Oase des ewig fliessenden Wassers und weiblich-mütterlicher Brüste und Lüste (wen verwunderts). Für die anderen, nicht Würdigen für dieses Himmelsreich, bleibt der Sturz aus dem Paradies der ewige Fall, die Welt bloss die Rampe zur Hölle: Nimm also unsere Botschaft an, befolge ihre Anweisungen gottgefällig: dann betrittst du die Startrampe zum Himmel. Ranks Argumentation kommt, nicht grundlos, aus Bachofens Richtung. Allerdings scheint die grösste Richtung der Psychoanalyse (siehe bei Rank das Kapitel "Die religiöse Sublimierung") mit ihrer Sublimierungstheorie, die alles Religiöse rationalisiert und in die Black box unserer Frühkindheit rückprojiziert, zum Beispiel Abrahamgott als bedrohende und belohnende Vaterprojektion und Mutterverdrängung (und -verklärung), sich selber einer ideologischen Invisibilisierung und systematischen Metaverdrängung zu verschreiben. (Damit meinen wir nicht die offensichtliche wie merkwürdige Übermaskulinisierung des Abrahamismus, die damit zu tun hat, dass Männer das Erinnerungs- und Definitionsmonopol, das Archiv und Instrument der Schrift, besassen). Einstein (1932) ist da weiter, spricht er von etwas für unseren Geist Verborgenem (wie unerreichbar, wie bleibend verborgen, allerdings, kann er nicht wissen) in den "Strukturen des Seienden", sogar von einem "Gefühl des Geheimnisvollen" - offen bleibt, wie stark solche Gefühle urgeburtsreminiszent wie stark metaphysisch indiziert sind -ja, weiter ist er -, liegen wir richtig mit der Vermutung, dass beides gilt: das Staunen (oder Konstatieren), dass wir da sind, entstiegen aus zwei Urwasserblasen, der natürlichen und der mütterlichen (nebst der Geschichte, wie wir in sie kamen), das sich verbindet mit dem Staunen, dass überhaupt etwas da ist (ohne uns zu sagen, zu fragen, ja, uns im Wesentlichen aufzuklären, Warum, wofür? Ausser um seiner selbstwillen: du musst dich stark selber wollen können, um das auszuhalten - sonst fällst du raus... Hierhin gehört nur, wer sich selber stark und erfolgreich will, erhalten will (und das dann auch zufällig kann: Wille ist notwendig, aber nicht hinreichend - wir kommen weiter unten darauf zurück).: dabei der Genieaufwand der Natur auf unserem Planeten in der Komplexität dieses planetaren Lebens, an dem wir als ein Teil davon teilnehmen, ja gewaltig eingesetzt und ausgebaut erscheint - nicht zu sprechen, - wir ProvinzplanetariererInnen eines Hinterweltsonnensystems in einer Galaxie neben Millionen anderer Galaxien im All - von der ultragigantischen Unermesslichkeit um uns herum - über die Pascals "Pensées" erschauerte: in ihr herrscht kalte, eiserne Stille und Steinwüste, erstaunlich viel Primitivität und grosse Ödnis, ein Tablett von Dynamiken und Kräften, ein Arsenal natürlicher Elemente und Klumpen zwischen allgrosser Ruhe und allgrosser Weite - abgesehen von all dem Leben und Wunderbaren, das andernorts in dieser Wunderkiste "Weltraum" stecken wird, und lassen wir nicht asiatische und abrahamische Schriftträger auf die Bühne (davor sprachen auf ihr babylonische, ägyptische, vedische Autoren) und schalten deren Mikrofone an, //oder///gehen wir nicht auf philosophische Selbstentdeckungsreisen, die in und aus den Wissenschaften führen, in Theorien wie Evolution des Weltalls, Entstehung aus dem Nichts, Sein um sich selbst willen, und dergleichen Offerten und Weiser in Holzwege, Erlösungspfade, Nirwanas und Fatamorganas mehr. Die Menschheit verteilt sich auch im Jenseits in der Diversität. Denk darüber nach auf deiner

Übuntenreise oder lass es bleiben, Surferin.------------------

Das Betreten des Unterwasserteils der Übunte in gedämpfter, ruhiger, ja, feierlicher Weise - Sloterdijk hätte wohl die Kuppel-Übunte den Nachbau eines "phantastischen Mutterleibes" genannt- ist wohl angemessen, ja, macht Sinn, siehst du dich im Bereich der platonischen Idee jeder Kirche, jedes Tempels, im Raum deiner persönlichen wie kollektiven Lebensursprungserinnerung, aber auch in der ältesten Welt der irdischen Ruhe, der anderen Ak/k/ustik, in der Fressen und Gefressenwerden, um zu leben, ebenso evolvierte "Fortschritte" in Form von "vorkalkulierten" Katastrophen für den Erjagten (hohe Vermehrungsrate) und Erfolge für den Jäger (niedrige) zeitigt, wie in unserer Welt des Landes und der Luft, in der es mithin extrem stürmisch und laut zu geht. Um damit wieder zum Orkan, den es in den bewegungsträgen Tiefen des Meeres, einige zehn, zwanzig Meter unter ihm, so nicht mehr gibt, so nicht geben kann, zurückzukehren.--------

Ein Orkan ist vor allem ein gewaltiges Oberflächenphänomen von Wellen und Wind, das hart, wuchtig, massenkräftig auf den Ü-Teil der Übunte trifft. Ihre Reaktions- und Rettungsmöglichkeiten bei Orkan sind: Beispielsweise den Ü-Teil vom U-Teil ganz zu entkoppeln und wieder zu verkoppeln nach dem "Extrem-Sturm" - so bricht die Übunte bei Sturm nicht entzwei, sie teilt sich selber - oder die Übunte senkt sich bei Orkan mehr unter Wasser, verringert die eigene Auftriebs- und Angriffsfläche, erhöht z.B. das Eigengewicht durch Fluten des Volumens und/oder Verkleinern der

Auftriebsflächen des Unterwasserteils, so dass hierüber der Übunte eine Art Sicherheits- und Puffer- Ventil zur Verfügung steht, ein eigenmechanischer Senk- und Steigspielraum (auch deswegen passt hier der Name "Übunte"/"overdowny").------

Ausserdem werden spätestens mit der Planung und Produktion der Übunte Fragen interessant und deren Antwort vom Stand der Technologie abhängig, wie: Welches ist die maximale Tiefe eines Unterwasserstocks? Welchen Wasserdruck hält er aus? Den von 30, von 50 Metern unter Meer? In welcher Tiefe treffen wir welche Tierarten zumeist an? Wie tief ins Meer kommt eine Tiefseeübunte? Moby Dick taucht 3000m tief. Und in welcher Tiefe breiten wir unsere Stromsegel aus? Wie ist eine "Stromübunte" zu bauen, also eine, die den Meeresströmungen folgt und deren Energie für ihre Fortbewegung, nutzen möchte? Für die Routen der Übunten unabdingbar sind exakte Unterwasserkarten, für Stromübunten, zusätzlich Meeresströmungskarten und - messungen, aber auch Dinge wie die Kenntnis der Fischfangrouten. Übunten haben ihre Routen zu Korallen, zu Tieren, zu Unterwasserlandschaften, zu heissen Quellen, zu Tiefseegräben, zu Strand-Übergängen genau auszuloten, sie durchtauchen auch abgekartete Routen, ///in Absprache mit Fischern//um nicht in deren Netze zu geraten, meiden diese nicht Übunten-Routen und Zonen. Besonders Zonen, in denen Strom-Übunten schwimmen und gleiten, die, um die Energie des Stroms nutzubar zu machen, unter Wasser enorme "Flossen/Flügelbreite" haben können.-----------------

Jacht-Übunte: Jacky (anskizziert: Kreuzer-Übunte 500m

lang)

Du baust Übunten für bestimmte Routen und Sektoren im Meer, Uferübunten sind zum Teil anders konstruiert als Routenübunten - dazu gehören auch "Strom-Übunten", mit unterschiedlich komfortabler Hotel- bzw. Wohn-Qualität; vielleicht gibt es einmal Menschen, die leben immer oder länger auf Übunten, als Übuntengemeinden/-genossenschaften, so ähnlich wie Leute in Asien auf ihren Hausbooten - und verdienen u.a. ihr Geld, mit einer Form von "Kooperative-Tourismus", du buchst dich für 1 oder 10 Monat/e in eine Übunte ein, du hilfst, du studierst, du tauchst, du fischst, du kochst, du feierst, du säuberst, du surfst mit, bist vorübergehend Teil der meerbewohnenden Übuntenkooperative-- (nicht gerade philosophisch, aber auch denkbar ist, die "rein" kommerzielle, auf konkurrenzkapitalistischer Basis ruhende Urlaubsübunte...Typ heutiger Kreuzer mit U-Boot-unterm Deck und dortigen Unterwasser-Restaurants und Logen - Jachtübunte Jacky O. lässt grüssen...: Diese Karawane dominiert im Moment eh die Welt, deshalb stellt dieses Übunten-Projekt hier sie nicht in den Vordergrund, betrachtet sie eher als Nebeneffekt, und hält für wünschenswerter und wahrscheinlicher, dass mit Übunten eine andere Philosophie verbunden wird, ein Umdenken und Umgestalten von Urlaub, von Auszeit, von Zugang zum Meer, zu sich, zur Natur, zum Ursprung der Erde, allein deshalb, weil Übunten auch tatsächlich neue Zugänge zu all dem eröffnen, neue Erlebnis- und Entdeckungsressourcen, in Folge dessen du dir /nachhaltiger//zu überlegen beginnst, beginnen kannst, was da eigentlich schwimmt, mit wem schwimmst du hier mit, und worin, und was haben wir damit zu tun?-----------

Übuntenbau ermöglicht und erfordert auch technisch, nicht nur sozial, Kreativität, Phantasie, schiffsbau-physikalisch neue Formen, zum Beispiel Doppelstock-Übunten mit Trägern zwischen Ü und U-Elementen. Die Kuppel-Übunte Nautillus II hat Verbindungsträger - zugleich Luftzugänge, eventuell mit Zimmern -, zwischen ihrem Überwasser- und Unterwasserstock, im Unterwasserstock dominiert eine Kuppel: der grosse Seminarraum, die grosse Aula, denkbar sind auch grosse Kugelräume jeweils am Ende des Trägers im Unterwasserstock, die untereinander verbunden und unterschiedlich genutzt sind (einer als Restaurant, einer als Sitzungsraum, einer als Yoga-Ashram, usw).--------

Noch ist das Fiction, Fakt ist: ein Badewannen-Übunt ist der Beweis: Ü-U-Cruiser schwimmen - sind denkbar, sind machbar. Dazu braucht es auf hohem Niveau, ausgehend von der Vision, Wissen, Können, Kooperation und Koordination von Bauherrschaft und -leitung, IngenieurIn, Statiker, Architekt, Schiffsdesigner, braucht es für das Gesamtkunstwerk Übunte die Orchestrierung von Schiffsphysik, Schiffstatik, Schiffstechnologie, Materialientechnologie: Metallurgie; Glasfaser-, Glastechnologie, Kunststofftechnologie, u dgl. dazu kommen 3-D-Zeichnungen und -Modellierungen auf Softwarebasis, kombiniert mit realen Experimenten mit Übunten in Technischen Hochschulen - zudem braucht es eine Philosophie der Intensität, der Langsamkeit, der Bildungs- und Safarireise in unser Meer, in unseren Ursprung - die unser Verhältnis zu uns, zur Erde, zur riesigen Wasserfläche unserer Erde, verändern, verbessern wird - wir wollen kein mit Miniplastik verschmutztes, trübes, vergiftetes, überfischtes Meer auf unseren Übunten- auf unseren Erlebnis- Studiums- Erholungs- und Selbstfindungs-Reisen vorfinden.-----

Übunten ermöglichen den Bildungs- und Entdeckungsurlaub auf dem Weg zu unserer ältesten Wurzelregion - Welt- und Umwelt-, Tier- Pflanzen-, Landschafts- und Selbst-Erforschung mit Kreuzfahrt- und U-Boot-Feeling : ausserdem will ich vielleicht kennen und verstehen, was ich sehe, nicht bloss anstarren. ich will mitgehen mit gewissen Tieren, sie entdecken und begleiten, möchte etwas spüren von ihrer Lebensart und -strecke, und davon etwas in mein Leben über Wasser auf festem Boden mitnehmen....das kann die Übunte ermöglichen: das Schiff nicht, nur oberflächlicher : etwa//dann//, wenn Delphine ihm folgen, öffnen sich ihm flüchtige Einblicke in das Leben im Wasser, fährt es nicht einfach glatt darüber hinweg. Reaktionen von

Übuntenreisenden könnten sein: "ich reise nur noch in Kreuzfahrtschiffen mit "ÜU und ich will auf meiner Meersafari nicht nur anglotzen, was ich sehe, sondern erkennen, was sind das für Tiere und Pflanzen - was ist Meerwassser selbst...., wohin gehen sie, - all diese unglaublich vielen Lebewesen und Lebensermöglichungswesen (Wasser, Wärme, Sonne) - wie steht es mit ihnen, was tun wir ihnen und letztlich uns selber an? Durch die Übunte will und kann ich sie und ihre Wege, die sie unter Wasser nehmen, aufspüren und kennenlernen" Entschleunigt auf die Geschwindigkeit des Meerstroms. Immer schneller mit immer mehr PS, klingt - verglichen damit - wie ein erfolgreiches Marketingprodukt der Erdölindustrie, mitinitiiert von Pirelli und der Autoindustrie. Doch auch hier ist ein Umdenken im Gang, nicht mehr so fern vom Konzept, von der Vision der Übunte. Meerstrom-Übunten nutzen die Kraft des Meerstroms durch ihre "Strom-Flügel", verstärkt durch Windkraft, bläst der Wind in Stromrichtung. Für fortgeschrittene Übunten-Fans kann das in hoffentlich näherer Zukunft heissen. Meinen Urlaub verbrachte ich bereits zweimal auf einer riesigen Übunte : ich war auf der Nautilus 1 für eine Meersafari (Pottwal-Route) und auf der Hermes II fuhr ich den Kuroshio-Nordpazifik-Strom hinauf, einmal als Kooperativteilnehmer, einmal mit Diplom, für mich bleibt das gesteigerte Erholung, Erholung 2.0. unsere nächste Übungenroute, sicher wieder eine Stromübunte, fährt mit dem Agulhasstrom durch den Indischen Ozean.-
----

Religiöse Reaktionen: Postabrahamisch betrachtet könnte die Existenz der Übunte auch zu einer Form der Trans-

Natur-Religiösität und Ursprungs-Meditation führen: Ähnlich wie Abrahamiker in das Gotteshaus zum Abrahamgott beten, gehen Menschen aus der postabrahamischen Zeit mit der Übunte ins Meer meditieren über ur-, trans- und pränatürliche Dimensionen unserer "Strukturen des Seienden", denen wir uns nicht verschliessen können, beginnen wir über unsere Anfänge und die Grenzen unseres Anfangsdenkens nachzudenken. Umgeben vom Fruchtwasser aller Fruchtwasser, in grosser Ursprungsruhe, das uns anzeigt, wo, inwiefern wir wir weniger die grossen Herren als komplexe Elemente einer uralten Umwelt sind, dessen Ursprung in Entwicklungsphasen unseres Embrios - hier zeigt sich kurz, überbaut, der Fisch in uns - seine Spuren hinterlassen hat. Diese Spuren in uns aus Zeiten der Urmeere, geschichtet in das Genarchiv unserer Gattung, indizieren, dass die Ahnen unserer Ahnen schon vor 100 Millionen Jahren lebten. Auf alle Fälle. soviel sollte klar geworden sein: Übunten drängen nicht mit Motor- und Windsgewalt schnell, schnell über Wasseroberflächen hinweg wie konventionelle Schiffe, Übunten lotsen sich in das Meer zurück, in das Strömen und Leben des Wassers und im Wasser. Übunten sind Wohn-, -Reise, -Gemeinschafts-. aber auch Hausschiffs- und Haushaltskomplexe, mit hohen Ressourcen zur Selbstversorgung (Energie, Wasser, Fische, Pflanzungen), und zur Selbst- und Weltentdeckung, vielleicht ziehen eines Tages ganze Universitätsabteilungen in Übunten, schaffen Menschen autarke Übuntensiedlungen, neben konventionellen Übunten-Hotelkomplexen: (naturschonend, gleitend, dort und da stationär), die auf ihre Weise für uns Wege und

Zugänge zu einer Welt begehen und eröffnen, die uns ///vielleicht/// ferner und näher ist als jede andere, weil wir Landbegehende und Luftatmende von ihr abstammen.

2.2. Nachträge zu Übunte/Overdowny

Solar-Übunte Nautilus III (mit einem Feld Solarplanken im Anhang schwimmend, und Solardach)- im U-Bereich sind 2 Schrauben, die die Solar-Übunte antreiben. Die Solarplanken lassen sich verstellen.

Skizze eines "unabhängigen" Doppel-Schrauben-Antriebs einer Solar-Übunte (in der Mitte ist die Kapitänskabine, die sich unter Wasser fahren lässt)

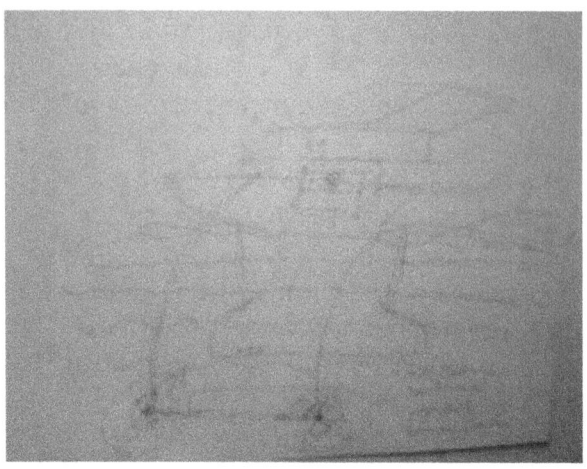

1. *Das S-Auto /the lancet-car* or why "f = 1" is idiotic and homicidal

2. Ein neuer Typ Schiff: *die Übunte* /a new typ of ship and philosophy of slowness: the overdowny (over the water & down (below) the water) 2.II. Nachträge

3. I. Flugzeuge mit *LS-1-Modus* (Life Savety One). Airplanes *with IEP*s (Inlay Emergency Parachute) 3.II. LS-1 und Germanwing 4U-9525 3.III. Nachträge

----

Nachträge

17.12.2015
Die italienische und französische Bezeichnung für die Übunte ist #Sottosopra" – le Sottosopre - ausnahmsweise akzeptieren Franzosen Italianismen... (danke an C. für den Tipp)

10.06.2015. Nachtrag zum Nachtrag vom 15.05.2015.... Der USA National Transportation Safety Board (NTSB) strongly recommends, was uns bekannt vorkommt: ein im nahen, dynamisch wechselnden Umfeld von digital interagierenden Verkehrssystemen aktives Kollisions-Vermeidungs-System.... Das ist nicht Wirtschaftsspionage, falls das nicht eigener Forschung entspringt, sondern gute Auswertung von öffentlicher Lektüre, und schnelle Übersetzung ins Politische, bald Praktische.

24.05.2015: zu Flugzeugen mit LS-1: Die SZ fragt "Würden Sie in ein Flugzeug ohne Pilot steigen?" Ja, mit LS-1 und einem Bordprogrammierer an Bord (d.h. also auch, mit Passagieren und einer Cabincrew, die für LS-1 instruiert worden sind).

15.05.2015: Nachtrag zum S-Fahrzeug (1.): Intelligente Computer "erkennen" ein Gefahren-/Kollisionspotential in gewissen Fällen früher und schneller als Menschen (Fahrende), wenn sie über die "Eckdaten" verfügen - z.B. Geschwindigkeit, Richtung, Lage, Masse, Fahrzeugtyp zum Berechnen der zukünftigen Lage und vielleicht einmal sogar der potentiellen kinetischen Aufprallenergie sich nähernder Fahrzeuge (nach $T(k) = 1/2\ mfv^2$) (Mercedes bastelt an aktiven Fahrerassistenzsystemen für ihre PkWs, die vor auftauchenden Irritationen/Passanten/Geisterfahrern/Totwinkelfahrzeugen/Fahrspurverlusten/ warnen u allenfalls automatisch korrigieren/reagieren). Nicht nur über physischen Sichtkontakt der Menschen, vielmehr über *elektrischen Wellenkontakt* der Bordcomputer wären die Mobilfahrzeuge in ihren dynamischen Verkehrsumfeldern (auch bei Nebel oder Schneesturm) gut und sicher über sich informiert. Dafür braucht es kein Big-Brother-System, wie das selbstfahrende Google-Auto. Es genügt, wenn jedes Fahrzeug in Europa (oder bald global) einen derartigen Sender-Empfänger-Bordcomputer eingebaut hat, der, erst ab einer bestimmen Nähe (Distanz) anderer Fahrzeuge, aktiv oder durch andere aktivierbar ist, grobe Infopackete austauscht (Gewicht, Geschwindigkeit, Lage), Abstände misst, kontrolliert, herstellt, aber auch ein sich näherndes Auto auf einer sich nähernden Querstrasse antizipiert (vielleicht unterstützt von digital aktiven S-Strassenplanken als Signalsystem). So wissen fahrende Auto- und Motorrad-Systeme ständig, wie und wo in ihrer Umgebung sie sich zu andern hin- und von andern fortbewegen und was sich hinter, neben und vor ihnen, kinetisch unauffällig *oder* auffällig, bewegt.

14.05.2015: Nachtrag zu Flugzeuge mit LS-1: Anno 1985 : Japan-Airlines Flug 123, Absturz Boeing 747 mit 520 Toten, 4 Überlebenden (Todesrekord eines einzelnen Passagierflugzeugabsturzes): LS-1 hätte Leben retten können. Das Flugzeug strudelte unkontrolliert, das Heck war aufgerissen, der Sinkflug wurde bei 2100 m sogar für einen letzten Steigungsversuch unterbrochen. Mit LS-1 wäre das nicht passiert, LS-1 hätte ein anderes

Flugverhalten evoziert, die Piloten hätten die safety altitude anvisiert, Crew und Passagiere hätten sich für den Absprung vorbereitet. Bei 2100 m und tiefer wären Passagiere abgesprungen. Deutlich mehr als 4 Personen hätten den Absturz überlebt.

03.05.2015: Nachtrag zu Übunten (2.) : Permakulturen auf Übunten: Wechsel und Nutzung von warmer Luft im Ü- und kühler Luft im U-Bereich (die Übunte nutzt zum Kühlen (z.B. als Kühlschrank) und zum Klimatisieren des Ü-Bereichs den U-Bereich bzw.U-Luft, und die Ü-Luft und das Ü-Klima zum Aufwärmen des U-Bereichs)

02.05.2015: Nachtrag zu Übunten (2.): Ende Mai: Mit der Routen-Übunte durch die Unimak-Passage in die Bering-See///Oder: Mit der Bering-See-Übunte zu 1 Million Sturmtauchern und rund 40 000 Walen, darunter Buckelwale, Grauwal-Mütter und Orca-Familien, die speziell begierig und fähig sind, Grauwal-Kälber zu jagen, sie der Walmutter, die ihr Kalb verteidigt, abzujagen (für die Über- und Unterwasser-Reise: 2 Personen...) [Hierbei wurde eine Gruppe Buckelwale beobachtet (Doku), die einem einsamen Grauwalkalb in Todesnot zu Hilfe eilte, bzw. die Orca-Truppe, die es jagte, vertrieb. Allerdings: Die Interpretation beginnt bereits am Anfang dieser Beobachtung (der ja kontingent, willkürlich ist), nämlich: ob /das, was beobachtet, richtig beobachtet///ob die Buckelwale ihren Kurs änderten, zu Hilfe herbeieilten oder ob das Kalb zufällig in deren Richtung schwamm. Die möglicherweise christlich geprägten Beobachter interpretierten dieses "sensationell" christliche oder "humane" Verhalten ausschliesslich als Vorform von

Mitleid/Mitgefühl/Empathie in der Natur///für den artfremden Gattungsfreund////, genauso könnte tief eingeprägter Hass und Aversion gegen Orcas, der den Unterschied zwischen arteigenem und artfremden Gattungsgenossen "verwischt", Hauptbewegungsgrund für diese Aktion gegen Orcas (und für das Kalb) gewesen sein: Hass bzw. Verteidigungsrenitenz gegen Walkälber jagende Orcas, denn dieselben, die dieses Kalb, bedrohen ihre Kälber. Und die sie, wo sie müssen, vor allem, werden sie von eigenen (oder gattungsnahen) Kälbern" um Hilfe gerufen", in die Flucht schlagen. (Lebensbedrohlich wären für Orcas allzu starke Anfreundungen und Mitleidsgefühle für Wale. Sie *litten* und *verhungerten*, stattdessen *erfreuen* und *sättigen* sie sich an ihrer Beute. Auch so kam Evolution in Tritt. Vermutlich herrscht bei ihnen für Walkälber fast gänzlich empathielose, neutrale Erkenntnis - mit einem Hauch Vorfreude, vor: "Lecker. Das ist meine Nahrung!", Grundlage ihrer "Lust am Töten". Eine raubtierlogische Moral, die tötet, um zu leben: Ich muss dir jetzt wehtun, dich töten, weil ich meinem Leben diene, damit ich mir, damit ich uns, gut tue. Sorry! Sorry? Denkt es im Orca: Sorry? In dem Moment, wo Bedauern im Bewusstsein des Orcas aufzuckte, entzündete sich rudimentär Gewissen, als eine Referenz mehr des Selbstbewusstseins oder skrupulöser Selbstreflexion (Spiegelung): ".....Was ich dieser Walmutter und dem Walkalb antue, um mich und mein Kalb zu ernähren, soll mir und meinem Kalb nicht geschehen, würde ich abwehren und verhindern versuchen, wie es diese Mutter und dieses Kalb tun - deshalb "verstehe" ich "instinktiv", was sie tun (und was ich tue...)- es ist dasselbe, was ich in ihrer Lage täte - , und gerade deshalb werde ich meinen Drang, Instinkt und

Willen mit meiner Intelligenz und Angriffsstärke gegen ihre Intelligenz und Verteidigungsstärke durchsetzen. Doch: die Verteidigungs"stärke" des Angegriffenen, des "Schwächeren", kann so geartet sein, dass sie den Angreifer zum Aussterben bringt. Es überlebt, als moderater Angreifer, mit einer Vergangenheit des Verfolgten, nicht bloss des Verfolgers, die Verteidigergattung...Vermutlich betrifft diesen Seitenwechsel stammesgeschichtlich heute alle höheren Lebewesen, sind sie, sind ihre Ahnen, nicht nur "reine" Verfolger, nicht nur bloss Angreifer gewesen, sie alle waren auch mal unterlegen, verfolgt, die Gefressenen, nicht die Fresser, Menschen nicht ausgeschlossen. Das kategorische Prinzip, das //scheinbar///das sittliche Reich der Menschen von der Natur trennt: "Du sollst mir nicht antun/was ich dir nicht antun soll", wäre ohne diesen natur- und stammesgeschichtlichen Background nicht entstanden, nicht durchsetzungsfähig: Reine Sieger hätten für es kein Verständnis, doch die, hat es sie jemals überhaupt gegeben, sind schon längst ausgestorben....)//////

.(Gefilmt wurden schwer verletzte, lebende Pinguine, die Orcas hoch durch die Luft schleudern, Beobachter sind ratlos oder meinen, aus spielerischer Lust, ganz und gar sadistisch: vielleicht machen sie das vielmehr, um sie aus ihrer unappetitlichen Hülle zu schlagen, um sie innerlich weichzuschlagen, damit sich die Hülle (Feder und Fetthaut) besser löst, fressen sie sie aus //und die nach dem Frass //gespensterhaft ////zurückbleibt. Insofern ist die Intelligenz und Geschicklichkeit der Orcas hier ähnlich geartet wie die von Rabenvögel/n, die Nüsse zum Knacken ihrer Schale transportieren///auf harten Boden fallen lassen, um an ihren nahrhaften Inhalt zu gelangen. (Nicht auszuschliessen ist, dass Orcas dadurch die Freude des erfolgreichen Jägers zum Ausdruck bringen, endlich einen dieser wendigen Dinger erwischt zu haben, um Frust und Dampf abzulassen, dann besonders, das Ding in die Luft schleudern (stimmt das: täten das vor allem weniger erfahrene Orcas), ähnlich wie ///Schimpansen-Affen, die ihre kleinen Affen und Affenbabys, die sie erjagten (bei Walen mag Gattungsnähe "solidarische Effekte" fördern, bei Schimpansen tun sie das nicht...) gelegentlich wie Trophäen herumzerren und -zeigen, bevor sie sie in Stücke reissen und die Stücke untereinander aufteilen)

- ////////Möglicherweise prädestiniert es Muttertiere//// ein gemeinsames mütterliches Nach-, ja, gar ein mimetischer Anflug von Mitgefühl und schlechtem Gewissen...): Doch haben Orcas //in Verbänden zumal///keinen natürlichen Feind mehr //der auf ihre Kälber in familiärer Obhut Jagd macht - nicht einmal weisse Haie, weil das, zum Glück für die Orcas, keine Rudeltiere sind (gefährlich wären grosse Haie nur für ein verirrtes Orcakalb)-, - das befreit Orcas//////// nicht von Sorge für ihre Kälber, ///aber doch grösstenteils davon, Gewissen, schlechtes gar, zu entwickeln, Angst zu haben vor Feinden und die vor ihnen selbstreflexiv zu antizipieren (- soviel ist schon sicher: eine allzu selbstreflexive Raubtierspezies hätte sich schnell selber ausgerottet...(Von Stellen wie diesen, irgendwo zwischen Darwin und Brehms Tierleben, projektierten die Nietzsches, ausgerechnet menschliche Selbstreflexionsgenies..., an ihren Schreibtischen ihr geistiges Übertierreich, ihre Metaraubtier-Ideologie, ihre

Omnipotenz- und Wunschprojektion, ihre "Blonden Bestie", in der sich später einige Nazis gefielen, offenbar zu geblendet, um nicht zu sehen, wie beschränkt und prekär, logisch gesprochen: wie falsch abgeleitet und übertragen - die Konstruktion des Übertiers "Mensch" (Herrenrasse und dgl.) ist. Auf den Boden dieses geistigen Raubtierreichs passt auch der Begriff des Politischen, reduziert auf Feind-Freund des nazikompatiblen Reduktionisten Carl Schmitt, obwohl das Politische selbst für Buckelwale angesichts eines Grauwalkalbes und ihres ewigen Feindes "komplizierter" wird...). ////////Allgemein: Im naturgeschaffenen Systemzwangzusammenhang droht besonders reinen Fleischjägern (Raubtieren) die evolutive Sackgasse durch anstrengend-aufwändigen wie überstarken Aufrüstungs- und Verteidigungswettbewerb, bis sie in ihrer Nische, mit viel Nahrungszulauf, alleine herrschen) Flüchten, wie das verwaiste Walkalb (dem sicheren Ende zu), oder, als Gruppen-Verband, in die Flucht schlagen (dem sicheren Erfolg zu) - das scheint die Hauptstrategie und -technik dieser Buckelwale bezüglich einer "Killerwal-Familie" zu sein. So könnte der erlittene Schmerz, der eingeprägte Hass auf Orcas bei diesem Waltyp geholfen haben, die Trennung zwischen eigenen und fremden Walkälbern "in Not" - für die sie einen Selbstbezug entwickelten - zu verwischen bzw. umgebildet zu haben, liegt dem reinen Mitgefühl für andere möglicherweise ein tiefer Schmerz, umgebildet in klaren Hass, zu Grunde, mehr noch oder gleicherweise als die Zuneigung zum eigenen Kalb, die auf das fremde, schreit es in der Not, überspringt. Diesen Übertrag der Liebe initiiert - womöglich entscheidend - der erklärte Hass. Ohne ihn käme es nicht zur Empathie. Grob gesprochen. Empathie für Andere entstand aus eigener Sympathie für sich, für Eigengeburten, und verinnerlichter Antipathie auf spezifisch Fremdes. Universalistisch gesprochen: in allen Wesen, die lieben und hassen, zum Teil müssen, zum Teil können, liegt ein Potential für Empathie, für Mitgefühl, für Solidarität für andere, begraben, sie besteht, - besteht und füllt sie sie -, gewissermassen aus der Dekonstruktion und Interferenz von beidem, aus der grösseren oder kleineren Lücke, aus einer Kluft dazwischen. (Geht ihr nicht eine primärempathische Ebene voraus - ähnlich der von Freud unterstellten primär-bisexuellen -, aus der sich Liebes- und Hassvermögen später ausdifferenzierte: und ist die erst daraus entstandene Empathie sekundär, aber auch eine ganz ferne Reminiszenz an ihre "platonische" Idee) Mehr dazu, siehe unsere Erläuterungen zu einer - bei Youtube gezeigten - perplex outrierten, ja, dilemmierten Löwin, die das kläglich schreiende Antilopen-Kiz der Mutter, die sie soeben gerissen und gefressen hatte, "adoptierte". (Auch das Verhältnis von Selbstliebe und Selbsthass, Lebensliebe und Lebenshass im Menschen wandelt - gewiss erfahrungsvariant, nicht strukturmonoton - mit der Lebenszeit und -phase, a pro pos Fremdliebe als eine oder die Form von "Empathie")]

30.04.2016

Nachtrag zu 1. Die Kutschen-Industrie (d. Kutsche - frz. carrosse), die sich heute Auto-Industrie nennt, baut also tonnenschwere Kutschen-Autos - und lächelt, sagen wir, die Faktoren m und f sind so lebenswichtig wie der Faktor v (f ist für sie kein Faktor, höchstens eine Luftwiderstandsvariable). Der Faktor m steht heute für einen unnötigen, unsinnigen Raubbau von Eisenerz,

Aluminium, Gummi, Lithium und andere Ressourcen mehr, die wir in viel zu schwere Autos mit falscher Grundform einbauen - Ressourcen, die einen riesigen Raubbau an der Erde bedeuten, der klar begrenzt und nicht ewig fortsetzbar ist. Viel zu schwere Massen, die dementsprechend mehr Energie, nicht nur Rohstoffe, verbrauchen für ihre Kinetik. In Zukunft werden Autos immer leichter sein oder nicht sein - that is no question.

14.05.2016

Nachtrag zu 2. **Die Zoo-Übunte**: sehr gefährdete Wal- und Fischarten können wir in riesigen Zoo-Übunten, die in Meerströmen gleiten, retten helfen. Der U-Bereich wird grob vergittert, so, dass bsp. der kleinste Wal, der vom Aussterben bedrohte Schweinswal, nicht durchs Gitter kann, wohl aber seine potentielle Nahrung, kleinere Fische. Die Zoo-Übunten werden von Wärterteams betreut, eventuell werden die Tiere nachgefüttert (falls das nicht überflüssig) - die "U-Gehege" für die gefährdeten Tiere sind kilometergross - vielleicht vertragen nicht alle diese grosszügige Gefangenschaft, vielleicht bemerken sie sie gar nicht, so gross ist ihr Gehege, ihr umzäuntes, sie schützendes Jagdrevier (oder die nächste Generation, die in Zoo-Übunten-Gehegen zur Welt gekommen ist, hat sich angepasst). Die Zoo-Übunte wäre eine Zuchtstation. Die Tiere werden regelmässig in Freiheit entlassen und ausgewechselt. Also Elterntiere werden entlassen, je nach Aussterbegefahr, mehr oder weniger Jungtiere behalten, die sich paaren mit neu gefangenen. Ähnlich wie Zuchtprogramme in Festlandzoos.

29.04.2016

Nachtrag zu 1. Testreihe: Kollidieren 10 gleich schwere und schnelle S-Autos mit S-Autos und Q-Autos mit Q-Autos frontal, bei voller Security-Ausstattung (Sicherheitsgürtel; Airbags; Konstruktion: S-Autos mit Längsstossdämpfer-Achse mit S-Front, Q-Autos ohne Längs- und Seitenstossdämpfersystem mit Q-Front) : Rate, welches Crashmassaker deutlich mehr Verletzte oder Tote hinterlässt - das der S- oder der Q-Autos?. Um den Unterschied zu demonstrieren, reichte es, Dummies frontal kollidieren zu lassen. S-Autos werden sich heftig schrammen, Q-Autos rammen.

28.04.2016

Nachtrag zu 1. Anlässlich des Ärgers (VW hält gerade seine Krisen-GV ab), dass die Auto-Industrie immer noch auf tonnenschwere Kutschen-Modell-Autos (Q-Autos), anstatt auf leichte Auto-Autos (S-Autos) setzt - inkl. S-Motorräder und S-Verkehrssysteme - wurde das S-Auto-Kapitel an die Spitze dieses Blogs gesetzt. Erfreulich wäre, wenn eine der Auto-Industrien (Europas, der USA, Japans, Südkoreas....) den "Mut" fasst, ein S-Auto-Prototyp - wie hier skizziert - entwickelt (also mit Lang- und Seitenstossdämpferachsen; Spitzenfront-und-Spitzenheck-Form (Faktor f); gesetzlicher Beschränkung des Autogewichts (Faktor m), nicht nur der Geschwindigkeit (Faktor v), einschliesslich Informationspacket-Austausch-System, das an Fahr- und Lenksystem gekoppelt ist, S-Leitplanken-System; usw. - so dass die Anzahl Unfalltoter in Deutschland, in Europa, in der Welt, zunächst ca. um 50%, bei vollem Ausbau des

S-Systems um ca. 90 % gesenkt wird - Sicher ist: im Q-Auto-System werden immer mehr Menschen sterben als im S-System, es ist eine Entscheidung von Menschen, das zu ändern, nicht von Göttern!

28.04.2016 [2016!]

Nachtrag zu 3. : LS-1 oder wer baut Häuser ohne Blitzableiter, obwohl die Wahrscheinlichkeit eines Blitzeinschlags bei 1 zu 6 Millionen liegt? Wie der Blitzableiter zum Haus, gehört LS-1 zum Flugzeug. LS-1 sollte Standard-Safety u Notfall-Ausrüstung jedes Passagierflugzeuges sein, damit verbunden für jede und jeden Passagier, der LS-1 Kurs.

27.04.2015 [2015!]: Nachtrag zu 3. : Masterarbeit: "Das ideale LS-1-Flugzeug. Konstruktion, Design und Aerodynamik. Nach empirischen aerodynamischen Testreihen" - eine Gemeinschaftsarbeit der EUN ("Europe University: Now!") von Julia M. /TU Ingolstadt, Studiengang: Flug- und Fahrzeuginformatik, Krea P./Bachelor of Engineering Flugzeugbau, Airbus Operations GmbH, Hamburg, und Hannes B./ETH Zürich, Institute of Fluid Dynamics (IFD).

Zu 2. (30.4.2016): - Slow down and go back to the sea stream - Zurück in die Meerstrom-Geschwindigkeit, in das Meer, unter das Meer, über das Meer, in die Energie der Sonne, in die Energie des Windes, in die Energie unseres Lebens in der Welt unserer Genesis und der Genesis Änigma.

Zu 3. (30.4.2016) : Life Savety One (LS1) Notfallausrüstung des Flugzeugs und -ausbildung der Passagiere und Crew. Nach jedem Crash werden Menschen fragen: wieso hatte das Flugzeug nicht LS-1....., dann hätte vielleicht ein Mensch überlebt. Wie Autofahrer ohne Nothelferkurs nicht Autofahren dürfen, dürften Passagiere ohne LS1-Kurs absolviert zu haben, nicht mitfliegen, LS-1 Kurse kannst du in Schulen, in Turnhallen durchführen, einschliesslich des Fallschirm-Übungssprungs auf eine grosse Matte... - LS1 verspricht eine noch sicherere Zukunft des Fliegens, die wir uns selber in die Hand geben können.

Zu 3. (30.4.2016) : Neben einem ERS (Eingebauten Rettungsfallschirm oder IEP: Inlay Emergeny Parachute), einem Sender (ähnlich Lawinensender), einer eingeschweissten Überlebensfolie, ist auch eine elementare Schutzmaske im LS1-Packet dabei, als mind. kurzzeitig wirksamer Filter und Erstickungsschutz bei Rauchbildung im Flugzeug - das im LS1-Modus auf LS1-safety-altitude (absprungsfähige Flug- oder Gleitflughöhe) zusteuert oder abstützt. Das LS1-Flugzeug ist so zu konstruieren, dass es ab einer gewissen Höhe, Geschwindigkeit und Aussentemperatur geöffnet werden kann- die Frage ist, ob es bewusst (also: vorkonstruiert, angelegt) "zerrissen" werden soll durch die enormen Luftturbulenzen, die in das abstürzende Flugzeug eindringen (LS1-Modus heisst ja, das Flugzeug wird aufgegeben, ist nicht mehr zu retten, es sei denn es erreicht den Notlandeplatz im LS1-Automatik-Modus von selbst...) - es gibt bereits Fallschirme, die öffnen sich automatisch (bei gewissen Umweltfaktoren), Passagiere könnten also auch das Bewusstsein verlieren und aus dem Flugzeug herausgerissen werden, selbst dann würden sich die IEPs (ERS) öffnen.

18.04.2015: Nachtrag zu 1.: Das S-Motorrad (Tipp für Neulesende: lese zuerst den Sockeltext zu 1.)

Im S-System wird für das S-Motorrad die Wahrscheinlichkeit der tödlichen Kollision deutlich geringer sein als für das Q-Motorrad im Q-System - denken wir eine Sicherungssteuerautomatik bei S-Motorrad und S-Auto hinzu, die die Kollision früher als die Fahrenden berechnet und schneller als diese reagiert, dank eines Europäischen Interkommunikationssystems zwischen aktiven Fahrzeugen (siehe dazu Nachtrag vom 15.05.2015): Wir nehmen an: Jedes Fahrzeug in Europa hat diese W-Lan-Bordcomputer/Sensorik plus Informationspakete-Austausch mit beschränkter Reichweite eingebaut, so dass jedes Fahrzeug jedes näherkommende registriert und antizipiert, das heisst: ungefähre Geschwindigkeit, potentielle Aufprallenergie, Distanz und Richtung (bzw. Annäherung/Entfernung) berechnet: und Fahrende warnt oder selber reagiert (bremst/beschleunigt/lenkt), reagieren diese nicht, falsch oder zu spät. (Eines Tages wird es eine Generation Fahrende geben, die ihren Bordcomputern mehr vertrauen (können, wollen, werden) als sich, so dass ihre Abhängigkeit von Computern und Digitalingenieuren droht. - ausserdem verrechnete der Bordcomputer laufend die Informationen des Verkehrs in der E-Zone der Stadt - alle aktuellen Staus, Baustellen, Geschwindigkeitslimiten,etc. und wählt und fährt den aktuell schnellsten Weg von A nach B - ein Weg, den ein

Fahrer ohne E-System-Digitalisierung nicht kennen und fahren könnte).

Ausserem - ein weiterer Vorteil des S-Systems im Vergleich mit dem Q-System ist - es steigt die Wahrscheinlichkeit, prallt ein S-Motorrad trotzallem mit einem S-Auto zusammen (bei $T(k) = 1/2$ m f v^2; f = 0,4) dass es, statt einer frontalen Kollision, bei abruptem Stop des Bremswegs, eine *Streifkollision* (Schrammkollision) und einen *längeren Bremsweg* generiert (wird es nicht weggeschleudert, währenddem der Fahrer innerhalb der Carbonschutzverplankung des S-Motorrads bleibt, weil er dafür ausreichend gut angeschnallt ist). Zusätzlich griffe beim auf- und abprallenden S-Motorrad (und S-Auto) die vierte Systemkomponente, die S-Strassenverplankung, lebensrettend ein. Aus Sicherheitsgründen ist dieses Motorrad der Verplankung des S-Autos anzupassen (gleiche Verplankungshöhe, etc.) und ebenfalls mit einer Stossdämpferlängsachse konstruiert. Die Position der Räder ist auf dieser Skizze falsch, sie gehören hinter, nicht vor die S-verplankung des S-Motorrads (siehe unten Skizze eines S-Autos: Lancet-Car II; dieselbe Skizze siehe unter 1.)

Lancet-Car II.

"Kollision" von S-Autos (im Vergleich mit Q-Autos)

Vgl. Zeit-Artikel "Autos machen Motorradfahren sicherer" vom 18.04.2015 - hinzuzufügen wäre, S-Autos noch sicherer.

30.04.2016

Nachtrag zu 1. Nochmals das S-Motorrad - das Motor-s-rad ist oval, komplett geschlossen, hart-kunststoff-umschalt, mit Türe in seiner Schale, - die Schale ist Teil der S-Motorrad-Chassis. Es hat eine durchgehende Langstossdämpferachse, einen Rumpf- und zwei Arm-Sicherheitsgürtel, die elastischen Bänder der Arm-Sicherheitsgürtel sind in der Chassis fixiert, auf der Carbon-Umrundung kann Kunststoffglas aufgesetzt sein, die Lichter sind in das s-förmige Motorrad-Chassis eingebaut, der Lenker hat durch die Achse eine Querstange mit zwei Griffel - bei Kollision oder Sturz fixiert sich das Gürtel-System, so dass der Motorradfahrer nicht aus seinem Motorrad fliegt. Sorry für die Kraxelskizze... Du siehst von der Fahrerin eines

S-Motorrads nur Kopf (Helm)- und Oberteil, der Rest sind hinter der Schale (hier in der Skizze deshalb Bein/Fuss nur angedeutet) Für S-Motorräder gilt Gürteltragepflicht (mindestens Rumpfgürtel, zu empfehlen ist auch die Fixierung an die Arm(gelenk)gürtel, so dass das Gürtel-System beim Aufprall "3 Punkte" nicht nur 1 fixiert. Der überdachte BMW Motorroller C 1 kommt unserem S-Motorrad mit etwas Phantasie ein wenig nahe.

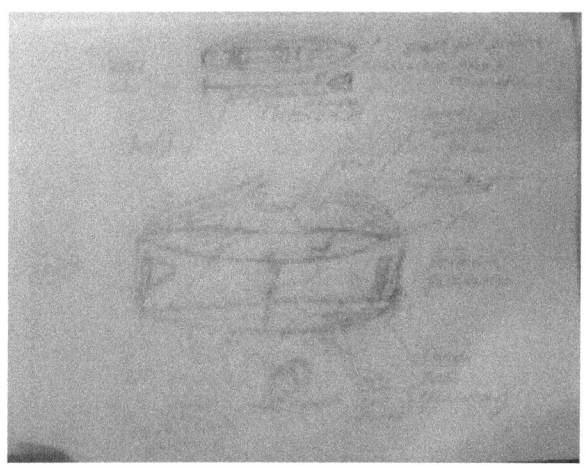

S-Motorrad mit Gürtel/Anschnallung (Rumpfgürtel und Handgelenk-Sicherheit; elastisch eingebaut) (frühe Skizze)-

Inhalt

1. Das S-Auto/the lancet-car or why "f = 1" is idiotic and homicidal

2. Ein neuer Typ Schiff: die Übunte / the overdowny

3. Flugzeuge mit LS-1-Modus (Life Savety One)

4. Das Hängemattezelt/Autonome Hängematten

A. 1. Das einfache/das single Hängemattezelt (Quasi das Zelt in der Luft, super für Dschungel; sehr nasse Böden): Vier lange Stangen, die ausziehbar, und eine Kupplung, damit machst du ein Hängemattenzeltgerüst. Du hängst die Hängematte in dasselbe, in die Hängematte ist ein wasserdichtes Zelt eingelegt, das kannst du an die ausgespreizten Stangen binden, zudem die Zugänge des Zeltes im unteren Stangenbereich unter der Matte, fest verschliessen, so dass das, was hochkrabbelt, nicht ins

Hängemattezelt kommt (Statt der Regenplache nur ein Malarianetz, etc.) Und fertig ist das Hängemattezelt. Du kannst auch bloss das Teil mitnehmen und im Dschungel/in der Landschaft an zwei Bäume/im Rockkonzert an entsprechende Trägerhaken binden. Siehe folgende Skizze

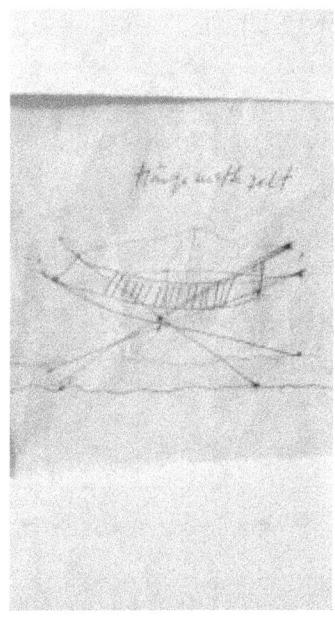

A.2. Das serielle Hängemattezelt. Du kannst bei diesem Modell in das eine Hängemattezeltgerüst ein nächstes einhängen. Siehe folgende Skizze.

B. 1. Vier Stangen, die lange und ausziehbar sind, und eine Kupplung, die diese vier Stangen als ein Hängematten-Gerüst, das auf vier Füssen steht, zusammenhalten. Siehe folgende Skizze:

2. Zwei Stahlträger, einer ist ca. 1, 7o cm lang, er lässt sich wie eine Schere fast in der Mitte ein wenig aufklappen, zudem liegen in diesem zwei kürzere ausklappbare Beinstützen ("Füsse"), die kannst du, ausgeklappt am ausgeklappten Träger, übers Kreuz verkoppeln. Auf beiden Seiten hast du diese scherenartig ausgeklappten Hängemattenstützen, auf vier "Füssen" am Boden stabil stehend, die mit Seil und Hängematte verknotet, verbunden sind: Und fertig ist die selbstaufstellbare, die autonome Hängematte (Möglicherweise hat die auch schon mal einer erfunden). Siehe folgende Skizze:

3. Anderes Modell (für Kinder): die Schere ist am Stück ausklappbar, zwei Stück davon, in der Mitte miteinander verkoppelt, ergeben das Gerüst, in das die Hängematte gehängt wird. Diese autonome Hängematte ähnelt dem Liegestuhl. Siehe folgende Skizze:

Auf die Übunte! On overdownies and safety-airplanes//Über Übunten und Flugzeuge mit LS-1-Modus

Inhalt: 1x Benguela-Strom; 2x Pottwal-Route

Lesehinweis:

07.09.2015 Nach juristischer Information ist jede Veröffentlichung einer Innovation - statt ihre

Geheimhaltung bis zur Patentierung - zwar ein Schutz gegen private Patentierung, aber nicht gegen Übernahme und Kommerzialisierung. Jeder kann die veröffentlichte Publikation aufgreifen, abändern und umsetzen in Kommerzialisierungs- und Nutzungsabsicht. Die Ehre des Erfindens gehört dem Erfinder, mehr gehört ihm nicht, so ähnlich wie Leonardo Da Vinci die Ehre gehört, u.a. den Helikopter erfunden (d.h. in Skizze als Idee umgesetzt) zu haben.

Vorliegende Ideen zum LS-1-Sicherheitskonzept mit ERS (Eingebautem Rettungsfallschirm), zu Übunten (Meerstrom-Safari mit Übunten) und S-1- Mobilen (mit S-Form und Längsachsenstossdämpfer) sind, - jedenfalls nach der Auffassung eines Berliner Patentanwalts - nicht mehr patentfähig, weil in diesem Blog veröffentlicht. Damit zählten sie, egal, wie weit oder unweit ihre Publikation reicht und entwickelt oder nicht entwickelt sie sind, zum informativen "Stand der Technik". Zu patentierbar/nicht patentfähig (Stand der Technik) siehe diesen Link zur Universität Hamburg

Ob das juristisch das letzte Wort ist oder alles abdeckt, was Urheberschutz bzw. Commonsnutzung von veröffentlichten Erfindungen bzw. originalen Neukonzeptualisierungen betrifft, mag anfechtbar bleiben.

19.04.2015: Adressaten-Informationen (Ideen, Skizzen dieses Blogs, werden nicht patentreif ausgefeilt und patentiert, sondern stehen zur Verfügung über Creative

Commons C: Seit März 2015 bis 18. April 2015 wurden über Twitter aus den einschlägigen Branchen informiert: u.a. 2 x @richardbranson (1 bis 3); 2 x @airbus (3); 2 x @boeing (3); 2 x @germanwings (3); 1 x @lufthansa (3); 2 x @volkswagen (1); 1 x @ford (1); 1 x @mercedes (1); 1 x @bmw und @bmwmotorrad (1); 1 x @toyota (1); 1 x @hyunday_de; mehrmals #Grüne #SPD #CDU, 1 x #Honda; 2 x #AIX2015 (3) (Hamburger Messe für Flugzeuginteriors); 1 x @citrix (1); 1 x @aix_expo (1); 1 x @BoschGlobal (1); 1 x @SeabournCruise (2); 1 x @aida_de (2); u.a.m. - international reagiert wurde u.a. aus Frankreich, den Niederlanden und den USA - und Russland? (Mir war einfach keine namhafte Twitter-Adresse aus Russland für Passagierflugzeuge und PKWs geläufig. Russland ist aktuell viel zu stark kriegsindustrielastig, viel zu wenig zivilindustrieorientiert) - die englische Fassung bei 3. soll jedenfalls insgesamt das internationale Publikum ansprechbar machen, nicht nur die USA.

30.5.2016 [mehr zum Amusement...] In eigener Sache: Och Göttchen, ich Armer, werd ich schon wieder ausgeplündert...=? Ich armer Reicher, Überreicher - wer maust mir wieder ein Ideechen weg??----- googelt mal "Technopia". Oh, werdet ihr finden, den Blog gibts ja schon als "Technopia blogs". ... Genau: klickt euch mal genauer in diesen Blog rein. Ihr werdet einen Fake-Blog vermutlich schnell erkennen, dann erkennt ihn. Der ganze Aufwand: einen Blog mit Pseudo-technopischem Inhalt, ins Internet stellen - wer macht so etwas? Versucht es herauszufinden: Ihr werdet keine konkrete Adresse in diesem Blog finden(Stand: 30.5.2016, 21.40 Uhr....). Gestern gab es diesen Blog noch nicht... Heute empfehle ich diesen Blog hier per Twitter- Referenz der FAZ... Das mag aber, echt, jetzt, ein Zufall sein. Begegnen sie dir nicht dauernd. Schon in der Schule versuchten andere, ich fand sie lustig oder langweilig, Einfälle, Beiträge von mir entweder zu überbieten - sekundär-originell - oder sie irgendwie klein zu machen, zu vernichten oder es gab Lehrer, die liessen sich nicht anmerken, dass ich sie fassungslos machte über Dinge, die ich eigentlich nicht "wissen" konnte, aber trotzdem weiss, es gab Professoren, die beklauten mich und verhinderten meine Karriere in ihrem Institut. Dem, dem sie nicht gewachsen waren, dem sie nur mit Beklauen beikamen, dem wollten sie nicht jeden Tag in ihrem Institut begegnen...auch nicht seinem eher abfälligen Urteil, das er über sie, die Chefin oder den Chef des Instituts, hat oder vermutlich hat oder, aus schlechtem Gewissen, das sie selber hatten, in ihrer Projektion, haben muss...- So habe ich an vier oder fünf Instituten an der Universität immer ähnliche Erfahrungen gemacht: wir beneiden dich, wir beklauen dich, ich mach aus einer Idee von dir meine Antrittsrede - aber wir wollen dich auf keinen Fall in unserer Nähe, auf unseren Leitern haben..(ausserdem spüren wir, dass du dich nicht anpassen musst und wirst, und, von materiellen Zwängen befreit, Karriere gar nicht unbedingt machen musst und willst, das befremdet, das unterscheidet uns noch mehr...). Bei Twitter beobachte ich eine andere Geschichte - hier wird fast systematisch vorgegangen: setze ich den Begriff "Kleineuropäer" ein, wird bald derselbe Hashtag mit einem Datum weit davor erscheinen; setze ich den Begriff Abrahamismus ein, wird er, in einem Fake-oder Blödel-Zusammenhang, als Hahstag "vor" meinem Begriff erscheinen - dabei weiss vielleicht nur ich (und der, der ihn dorthin setzte) , dass es ihn davor noch gar nicht gab. Offenbar ist das Rückdatieren von Tweets oder das Fake-Datieren von neuen Blogs in das Jahr 2014 nicht so schwer. Gebe ich eine Seminararbeit mit dem Titel "Derrida, der Ägpyter" ab, dazu ein Gedicht, erscheint ein Jahr später von Sloterdijk das stw-Büchlein "Derrida, ein Ägypter" (das spricht nicht für ihn, wir hatten ihn bis dahin für souveräner, originaler eingestuft -ihm fehlt also doch die letzte Grösse - so ähnlich wie der Königin in "Schneewittchen" - die entscheidende Unabhängigkeit, deswegen die konservierende Ranküne, die politische Reaktion, die Wichtigtuerei, die immer mehr schwafeln und mariniert vor sich her salbadern wird, ich prognostiziere es. Passend, dass ein ehemaliger Sloterdijk-Assistent bei der AfD, akademisch wohlfeil, triviale konservative Reaktion verbrät) - und mein Gedicht erschien, - es erschien immerhin -, an einem merkwürdigen Ort in der Philosophie, nicht in der Lyrik...(Irgendwie wollte man sich wohl dankbar zeigen - für die Anregung...und die Anweisung unterjubeln: schreib Gedichte, lass uns Philosöphchen in Ruhe)., das ist aber ein Zufall, dekonstruierte ich Descartes, wird wahrscheinlich Frau Emcke - die kürzlich in meinem Blog las - bald ein Büchlein über "ihre" Descartes-Dekonstruktion veröffentlichen, schreibe ich an Hamlet 2, erscheint bald eine Hollywood-B-Movie-Klamotte mit demselben Namen (reiner Zufall), schreibe ich über Medien und Auge im Seminar, wird die Professorin bald ihr "Meisterwerk" über Medien und Augen sogar in Englisch publizieren können, ein schöner Zufall (eher nicht rein), ich könnte hundert weitere reine und weniger reine "Zufälle" und Geschichten von Leuten erzählen, die nach-, sogar vordenklich gestimmt wurden, und fast von ebensovielen negativen "Zufällen", von Leuten, die meine Klasse verwässern, das Original stehlen, den Wert mindern oder mit Ideen, die für sie eine Nummer zu gross sind, um sie selber zu backen, sich schmücken wollen (vielleicht gibt es sogar eine Strategie in der Geheimdienstwelt, jemanden zu untergraben, zu torpedieren, unten zu halten, fertig oder mindestens klein zu machen? Sind damit professionell Leute beschäftigt - seit den Erfahrungen mit dem "Verfolgerwahn" halte ich mittlerweile fast jeden Wahnsinn, fast jede staatliche oder privat-institutionelle Paranoia - etwa die von Scientologen - für möglich), wir sind also gewarnt, wir werden vielleicht ähnliches auch mit den Produkten in diesem Blog Technopia erfahren. Ein unbekannter genialer Erfinder wird plötzlich entdeckt, der die Übunte schon 1890 geplant , das S-Auto wird Herr Benz oder Hr. Ford persönlich - oder ein Assi von ihnen? - entworfen haben und die Gebrüder Wright dachten schon an den Inlay Emergency Parachute, bevor ihre Kiste richtig fliegen konnte...Nein, Boeing hat Ideen dieser Art in den 1970er Jahren schon schubladisiert..... Vermutlich werden die Leute, die mir hinterher hecheln und das Wasser abgraben oder auf ihre Mühlen giessen oder gleich beides machen wollen, irgendwann kapitulieren, weil alles, was sie tun, irgendwie der letzten Originalität und Qualität entbehrt, an allem ein "Geschmäkle" haftet, weil Leser und Leserinnen einen feinen Sinn dafür haben, was eine frische Blume und was eine nachgemalte Blume, was eine Hülle, eine geklaute, und was Fülle, zu der auch die Hülle passt, ist...Es erinnert mich ein wenig an die Kritikaster von Goethe, die dem guten Mann irgendwas benehmen, aufhalsen, nachtragen, anmäkeln versuchten - und , ausser so Originale wie Thomas

Bernhard, dem die Goethe-Kritik als Werk gelang, eigentlich nur halbwegs in Erinnerung blieben, dank des Namens Goethe, in dessen Licht sie ihre Leuchte steckten, und nicht, ihres Beitrages. To be continued.

Herstellung und Verlag:
BoD - Books on Demand, Norderstedt
ISBN 978-3-7448-0923-8

www.ingramcontent.com/pod-product-compliance
Lightning Source LLC
Chambersburg PA
CBHW050103230526
45470CB00004B/1655